教育部职业教育与成人教育司推荐教材
中等职业教育技能型紧缺人才教学用书

吊顶装饰构造与施工工艺

(建筑装饰专业)

主编　张卫平　曹　进
主审　任雪丹　喻　娟

中国建筑工业出版社

图书在版编目（CIP）数据

吊顶装饰构造与施工工艺/张卫平，曹进主编．—北京：中国建筑工业出版社，2006
教育部职业教育与成人教育司推荐教材．中等职业教育技能型紧缺人才教学用书（建筑装饰专业）
ISBN 978-7-112-08080-9

Ⅰ．吊… Ⅱ．①张…②曹… Ⅲ．顶棚-室内装修-专业学校-教材 Ⅳ．TU767

中国版本图书馆 CIP 数据核字（2006）第 074744 号

教育部职业教育与成人教育司推荐教材
中等职业教育技能型紧缺人才教学用书
吊顶装饰构造与施工工艺
（建筑装饰专业）
主编 张卫平 曹 进
主审 任雪丹 喻 娟

*

中国建筑工业出版社出版、发行（北京西郊百万庄）
各地新华书店、建筑书店经销
霸州市顺浩图文科技发展有限公司制版
廊坊市海涛印刷有限公司印刷

*

开本：787×1092 毫米 1/16 印张：8 字数：193 千字
2006 年 8 月第一版 2014 年 10 月第二次印刷
定价：18.00 元
ISBN 978-7-112-08080-9
（14034）

版权所有 翻印必究
如有印装质量问题，可寄本社退换
（邮政编码 100037）

本社网址：http://www.cabp.com.cn
网上书店：http://www.china-building.com.cn

本书是根据教育部颁发的《高等职业院校技能型紧缺人才培养培训指导方案》中建筑装饰专业主干课程"吊顶装饰构造与施工工艺"核心教学与训练项目的基本要求，并参照有关行业的职业技能鉴定规范、中高级技术工人等级考核标准、建筑装饰装修工程验收规范编写的技能型紧缺人才中等职业教育建筑装饰专业教材。

本书主要内容包括：概述、吊顶造型形式与构造、木龙骨吊顶施工、金属龙骨吊顶施工、吊顶特殊部位施工五个单元。

本书适用于中等职业技术院校建筑装饰装修专业教学，还可供室内设计、装饰装修施工、建筑技术等专业参考。

* * *

责任编辑：朱首明　杨　虹
责任设计：赵明霞
责任校对：张树梅　王金珠

出 版 说 明

为深入贯彻落实《中共中央、国务院关于进一步加强人才工作的决定》精神，2004年10月，教育部、建设部联合印发了《关于实施职业院校建设行业技能型紧缺人才培养培训工程的通知》，确定在建筑（市政）施工、建筑装饰、建筑设备和建筑智能化四个专业领域实施中等职业学校技能型紧缺人才培养培训工程，全国有94所中等职业学校、702个主要合作企业被列为示范性培养培训基地，通过构建校企合作培养培训人才的机制，优化教学与实训过程，探索新的办学模式。这项培养培训工程的实施，充分体现了教育部、建设部大力推进职业教育改革和发展的办学理念，有利于职业学校从建设行业人才市场的实际需要出发，以素质为基础，以能力为本位，以就业为导向，加快培养建设行业一线迫切需要的技能型人才。

为配合技能型紧缺人才培养培训工程的实施，满足教学急需，中国建筑工业出版社在跟踪"中等职业教育建设行业技能型紧缺人才培养培训指导方案"（以下简称"方案"）的编审过程中，广泛征求有关专家对配套教材建设的意见，并与方案起草人以及建设部中等职业学校专业指导委员会共同组织编写了中等职业教育建筑（市政）施工、建筑装饰、建筑设备、建筑智能化四个专业的技能型紧缺人才教学用书。

在组织编写过程中我们始终坚持优质、适用的原则。首先强调编审人员的工程背景，在组织编审力量时不仅要求学校的编写人员要有工程经历，而且为每本教材选定的两位审稿专家中有一位来自企业，从而使得教材内容更为符合职业教育的要求。编写内容是按照"方案"要求，弱化理论阐述，重点介绍工程一线所需要的知识和技能，内容精炼，符合建筑行业标准及职业技能的要求。同时采用项目教学法的编写形式，强化实训内容，以提高学生的技能水平。

我们希望这四个专业的教学用书对有关院校实施技能型紧缺人才的培养具有一定的指导作用。同时，也希望各校在使用本套书的过程中，有何意见及建议及时反馈给我们，联系方式：中国建筑工业出版社教材中心（E-mail：jiaocai@cabp.com.cn）。

中国建筑工业出版社
2006年6月

前　言

本书是根据教育部颁发的《高等职业院校技能型紧缺人才培养培训指导方案》中建筑装饰专业主干课程"吊顶装饰构造与施工工艺"核心教学与训练项目的基本要求，并参照有关行业的职业技能鉴定规范、中、高级技术工人等级考核标准、建筑装饰装修工程验收规范编写的技能型紧缺人才中等职业教育建筑装饰专业教材。

随着国民经济的发展和人民生活水平的提高，人们对建筑的使用功能和装修水平有了进一步的要求。特别是一些民用公共设施、宾馆、饭店的厅堂和房间，对其吊顶装修有着较高的要求。甚至一些普通居民家庭也在对住宅进行吊顶装修，因此说，吊顶工程是室内装修工程的一项最主要的内容。吊顶的形式目前已由过去单一的平面形式，发展到为了配合各种灯具、装饰物而出现的各种凸凹多层次的形式，以适应各种建筑室内不同的特色、气氛要求。

吊顶的材料选择、吊顶的布局和形式、吊顶的结构设计，不仅关系到吊顶的风格，而且对于吊顶的承受荷载能力以及保温、吸声等性能也有着很大的影响，当然也是决定吊顶造价高低的重要因素。此外，国内近年来研制出了以金属材料作为吊顶材料的吊顶，例如：方形金属板吊顶、条形金属板吊顶和格片形金属板吊顶等，从而使吊顶的材料和形式有了新突破。

吊顶施工的质量和效果好坏，与吊顶的施工工艺水平关系密切。装饰吊顶的构造与施工工艺是装饰设计与施工的重要组成部分。目前，从事装饰工程施工的队伍日益壮大，社会对建筑装饰人才的需求量很大。通过对本课程的学习，应使学生掌握各种吊顶材料（吊顶板、龙骨）的品种、规格、性能、特点，以及它们在不同风格形式的吊顶工程中，有关设计、施工中的步骤、方法及注意事项予以详细的介绍。同时，书中还附有各种吊顶的节点结构图，便于广大设计、施工人员参考。

为适应《高等职业院校技能型紧缺人才培养培训指导方案》中提出的项目教学法要求，本套书的编写体例打破传统模式，以单元—课题的形式编写，以便学生更直观地理解知识内容。全书共五单元，按照60学时编写，建议课时分配如下，供参考使用。

课时分配表

单　元	内　　　　容	学 时 数
第一单元	吊顶装饰工程概述	2
第二单元	吊顶材料和施工机具	16
第三单元	吊顶的形式与构造	18
第四单元	吊顶工程施工	20
第五单元	吊顶工程施工验收及质量通病	4
总　　计		60

本书由新疆建设职业技术学院国家一级建造师、讲师张卫平、曹进合编。由于编者水平有限，加上时间紧迫，书中缺点、错误在所难免，敬请各位读者批评指正。

目 录

单元1 吊顶装饰工程概述 ... 1
  课题1 吊顶装饰工程概述 ... 1
  课题2 吊顶设计概述 ... 3
  实训课题 ... 4
  思考题与习题 ... 5

单元2 吊顶材料和施工机具 ... 6
  课题1 吊顶的龙骨材料 ... 6
  课题2 吊顶饰面材料 ... 16
  课题3 吊顶施工机具 ... 43
  实训课题 ... 48
  思考题与习题 ... 48

单元3 吊顶的形式与构造 ... 49
  课题1 吊顶的造型形式 ... 49
  课题2 吊顶的基本构造 ... 54
  课题3 吊顶特殊部位的装饰构造 ... 71
  实训课题 ... 78
  思考题与习题 ... 82

单元4 吊顶工程施工 ... 83
  课题1 吊顶工程施工准备工作及作业条件 ... 83
  课题2 木龙骨吊顶施工 ... 87
  课题3 轻钢龙骨吊顶施工 ... 93
  课题4 铝合金龙骨吊顶施工 ... 101
  课题5 特殊形式的吊顶简介 ... 105
  实训课题 ... 112
  思考题与习题 ... 113

单元5 吊顶工程施工验收及质量通病 ... 114
  课题1 吊顶工程施工验收 ... 114
  课题2 吊顶工程质量通病及其防止 ... 117
  实训课题 ... 120
  思考题与习题 ... 120

主要参考文献 ... 121

单元1 吊顶装饰工程概述

知 识 点：
1. 吊顶的基本组成和要求。
2. 吊顶的作用和分类。
3. 吊顶设计概述。

教学目标：
通过对本单元知识的讲述，认识吊顶装饰工程在室内空间的重要作用。了解设计的基本常识。

课题1 吊顶装饰工程概述

吊顶装饰工程是装饰工程专业体系的一个重要组成部分，它是伴随着装饰工程和装饰材料一同发展的。在有些方面其发展较其他组成部分更为突出，尤其在吊顶的造型形式方面，打破了许多传统的设计理念，充分利用各种建筑材料的性质以及灯具的光影效果，使吊顶在装饰中的作用表现得更为突出。

吊顶装饰工程的发展，在材料方面，由木质材料发展为金属、塑料以及金属塑料复合材料；在造型形式方面，由单一的平面式发展为立体式、自由式以及发光吊顶；在材料的应用方面，由硬质材料吊顶发展为软吊顶。

吊顶是位于建筑物楼盖或屋盖下表面的装饰构件，也称天花或顶棚，它是构成建筑室内空间三大界面的顶界面，在室内空间中占据十分显要的位置。吊顶装饰工程是室内装饰的有机组成部分，它在装饰工程中的作用十分重要，尤其吊顶的造型形式和构造对室内装饰的整体效果起到画龙点睛的作用。

吊顶装饰既要考虑技术要求（如保温、隔声、隔热），又要考虑艺术要求（如造型形式、材料的质感、色彩以及光影声效果等）。

1.1 吊顶的基本组成和要求

1.1.1 吊顶的基本组成

吊顶一般由吊筋、龙骨和面层三部分组成，如图1-1所示。

(1) 吊筋

吊筋是连接龙骨和承重结构的承重受力构件。其作用主要是承受下部龙骨和面层荷载，并将这一荷载传递给屋面板、楼板、屋面梁、屋架等部位。它的另一作用是用来调整、确定悬吊式顶棚的空间高度，以适应不同场合、不同艺术处理上的需要。

(2) 龙骨

龙骨是吊顶的基层，即吊顶的骨架层，它是由主龙骨、次龙骨、小龙骨（或称为主搁

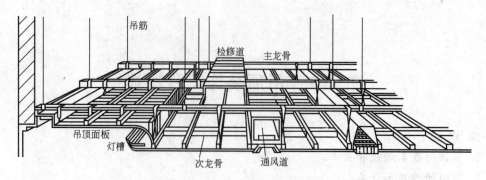

图 1-1 吊顶的基本组成

栅、次搁栅）组成的网格骨架体系。其作用主要是承受吊顶的荷载，并由它将荷载通过吊筋传递给楼盖或屋盖。在有设备管道或检修设备的马道吊顶中，龙骨还承担由此产生的荷载。

（3）面层

面层的作用是装饰室内空间，一般还兼有其他功能，如吸声、反射等。面层的做法主要有湿作业面层和干作业面层两种。在选择面层材料及做法时，应综合考虑重量轻、湿作业少、便于施工、防火、吸声、保温、隔热等要求。

1.1.2 吊顶的基本要求

吊顶装饰除了满足承受荷载要求和艺术要求外，还应满足以下要求：

1）吊顶的燃烧性能和耐火极限应满足防火规范要求；

2）对于有声学要求的房间吊顶，其造型形式及面层材料应根据音质的要求选用，并符合声学要求；

3）由于悬吊式吊顶常用来隐藏各种设备管道和装置，要求应有足够的净空高度满足设备及管道的安装和维修；

4）吊顶上的灯具、通风口、消防设施以及扩音系统应成为顶棚装修的有机组成部分；

5）顶棚应满足工业化要求，尽量避免湿作业；

6）悬吊式顶棚应满足自重轻、适用、经济等要求。

此外，在整个室内装修工程中，吊顶在造价及工期方面都占有较大的比重。在工艺方面要求也比较高，且技术难度较大，同其他部位相比工期较长。所以，选择合适的吊顶材料，以简化吊顶施工工序，提高吊顶装配化水平，获得更佳的装饰效果，已成为近年来吊顶工程中不断探索、解决的问题。

1.2 吊顶的作用和分类

1.2.1 吊顶的作用

建筑具有物质和精神的双重性，因此，吊顶兼具满足使用功能的要求和人们在信仰、习惯、生理、心理等方面的精神需求的作用。其主要作用如下：

（1）改善室内环境，满足使用功能要求

吊顶设计不仅要考虑室内的装饰效果和艺术风格的要求，也要考虑房屋使用功能对建筑的照明、通风、保温、隔热、吸声或反射声、音响、防火等技术性能的要求，它直接影响室内的环境与使用。例如：剧场的吊顶，要综合考虑光学、声学设计方面的诸多问题。

(2) 装饰室内空间

吊顶是室内装饰的一个重要组成部分，除墙面、地面之外，它是围成室内空间的另一个大面。它从空间、光影、材质等诸方面，对房间有着渲染环境，烘托气氛的重要作用。

不同功能的建筑和建筑空间对顶棚装饰的要求不尽一致，装饰构造的处理手法也有区别，不同的处理方法可以取得不同的空间感觉。有的可以延伸和扩大空间感，对人的视觉起导向作用；有的可使人感到亲切、温暖、舒适，以满足人们生理和心理环境的需要。如建筑物的大厅、门厅，是建筑物的出入口，人流进出的集散场所。它们的装饰效果往往极大地影响着人们的视觉对该建筑物及其空间的第一印象。所以，入口常常是重点装饰的部位。它们的吊顶在造型上，多运用高低错落的手法，以求得富有生机的变化；在材料选择上，多选用一些不同色彩、不同纹理和富于质感的材料；在灯具选择上，多选用高雅、华丽的吊灯，以增加豪华气氛。可见，室内装饰的风格与效果，与吊顶的造型、吊顶装饰构造方法及材料的选用之间有着十分密切的关系。因此，顶棚的装饰处理对室内景观的完整统一及装饰效果有很大的影响。

综上所述，吊顶装饰是技术要求比较复杂、难度较大的装饰工程项目，必须结合建筑的用途、房间内部的体量、装饰效果的要求、经济条件、设备安装情况、技术要求及安全问题等综合考虑。

1.2.2 吊顶的分类

吊顶的种类很多，尤其近年来，随着建筑材料的快速发展，出现了许多新型吊顶。其分类方式多种多样，本教材介绍以下几种分类。

(1) 按外观形式分类

平面式、立体式（凹凸式、曲面式、分层式、井格式）、软吊顶、自由式、发光吊顶等。

(2) 按面层施工方法分类

整体式吊顶（如钢板网板条抹灰顶棚）、装配式吊顶（如轻钢龙骨石膏板吊顶、铝合金龙骨吊顶）等。

(3) 按龙骨所用材料分类

木龙骨吊顶、轻钢龙骨吊顶、铝合金龙骨吊顶、型钢龙骨吊顶以及混合龙骨（指钢木混合的龙骨）吊顶。

(4) 按饰面层和龙骨的关系分类

活动装配式顶棚、固定式顶棚。

(5) 按吊顶面层的状态分类

开敞式顶棚、封闭式顶棚或明龙骨吊顶、暗龙骨吊顶等。

(6) 按吊顶面层材料分类

水泥砂浆抹面吊顶、木或木夹板吊顶、石膏板吊顶、钙塑板吊顶、矿棉板吊顶、金特板吊顶、塑料扣板吊顶、金属扣板吊顶等。

课题2 吊顶设计概述

吊顶是室内空间的第三个主要界面，虽然不像地面和墙面能被人接触和使用，但吊顶在室内空间的形式和限制空间竖向尺度方面都扮演着重要的视觉角色，它是室内设计的遮盖部件。吊顶的高低变化给人以空间不同的感觉，高吊顶空间给人以开阔自如、崇高的感觉，同时也能产生庄重的气氛，而低空间则能建立一种亲切温暖的感觉。顶棚的不同变化与艺术照明的结合又能给整个空间增加感染力，使顶面造型丰富多彩，新颖美观。

吊顶设计应以房屋的用途、空间大小以及其他部位的设计等因素综合考虑。随着时代的发展，科技的进步，人们生活方式的改变以及人们观念的更新，一些传统的设计技法已经发生了很大的变化，设计的主要倾向是简单、新颖和经济。

2.1 吊顶装饰设计原则

（1）要注重整体环境效果

顶面是室内空间的重要组成部分，它和墙面、地面共同组成室内空间，共同创造室内环境效果，所以在设计时要充分注意三者的协调统一，在统一的基础上各具自身的特色。

（2）吊顶的装饰应满足适用美观的要求

吊顶的造型形式、材料、色彩、图案、灯具的选择要适合室内空间体量、形状、使用性质的需要。一般来讲，室内空间效果应下重上轻，所以要注意吊顶装饰力求简洁完整，突出重点部位，同时也要注意顶棚造型的轻快感与艺术感。

（3）吊顶装饰应保证顶面结构合理性和安全性

吊顶设计要认真考虑顶部的结构条件和构造上的可能，不能单纯地注重顶面造型而忽略安全性。

（4）综合考虑设备

吊顶设计要综合考虑灯具形式及布置、空调设置、管线敷设以及声光效果等方面因素。

（5）经济适用

吊顶设计在满足功能和美观要求的前提下，合理选择材料，力求做到经济适用。

2.2 吊顶设计形式

吊顶的造型形式是指吊顶的外观形状，它多种多样，千变万化，尤其近年来建筑材料的快速发展，使得吊顶造型形式更具多样化，一反传统吊顶的陈旧形式，大胆地创造了许多前卫的造型形式及样式。

吊顶的造型形式多种多样，其名称也有所不同，本教材将其归类为平面式、立体式（凹凸式、曲面式、分层式、井格式）、软吊顶、自由式、发光吊顶等五大类。各类造型形式的特点及适用范围将在单元2中详细讲述。

实 训 课 题

在指导教师的带领下，组织学员参观典型装饰工程，如宾馆、酒店、会展中心、会堂、多功能报告厅等，写出所见吊顶种类、艺术形式、装饰效果、功能要求、装饰材料等方面的调查报告。有条件可附相应照片资料或绘制图例，并加以说明。报告格式如下：

调 查 报 告

姓　　名		参观地点	
参观时间		指导教师	
报告内容	×××装饰工程吊顶装饰调查报告		

思考题与习题

1. 吊顶的基本组成，作用和分类是怎样的？
2. 装饰工程中对吊顶的基本要求有哪些？
3. 吊顶装饰设计的原则有哪些？
4. 吊顶工程施工条件及施工准备有哪些方面？

单元2 吊顶材料和施工机具

知识点：
1. 吊顶龙骨材料。
2. 吊顶饰面材料。
3. 吊顶施工机具。

教学目标：

通过本单元学习使学生能够掌握常用吊顶材料的性质、规格；掌握常用施工机具的操作要点，了解常用材料和施工机具。

课题1 吊顶的龙骨材料

吊顶龙骨又被称为吊顶的基层，是由龙骨构成的吊顶结构层。常用的龙骨有木龙骨、轻钢龙骨、铝合金龙骨、型钢龙骨等。龙骨材料的选择是吊顶设计的关键之一，它是吊顶所有荷载的承担者，对吊顶的造型形式以及安全非常关键。

1.1 木 龙 骨

1.1.1 天然木材及其性质

（1）木材的分类

天然木材是由树木加工而成，按树种可分为针叶树材和阔叶树材两大类。建筑上用的木材有三种规格，即原木、板材及方材。原木是经修枝去皮后按一定长度锯断的木材；板材是指宽度为厚度的三倍或三倍以上的木材；方木是指宽度小于三倍厚度的木料。

（2）木材的基本性质

1）密度：在没有空隙的状态下木材单位体积的质量称为木材密度，也就是木材细胞壁物质的密度。不同树种的木材密度相差不大，平均约为 $1.55g/cm^3$。

2）表观密度：木材单位体积质量称为表观密度，木材的表观密度因树种不同而不同，常用木材气干表观密度平均为 $500kg/m^3$。

3）含水率和吸湿性：木材中水分的质量与木材质量之比的百分率称为含水率或含水量。含水率是木材的重要物理性质，其大小将影响木材的其他物理性质，以及力学性质和耐久性。

木材的含水率分为平衡含水率、纤维饱和点含水率、绝对含水率、相对含水率和标准含水率等。

平衡含水率。当木材中的水分与固定空气的相对湿度相互平衡时的含水率叫平衡含水率，它是气干木材时所能达到的最低含水率，其值随各地气候变化而不同。木材使用前应干燥（气干或烘干）至这一含水率。

纤维饱和点。木材中的水分由两部分组成：一部分存在于细胞腔内的自由水，另一部分存在于细胞壁内的吸附水（图2-1）。自由水对木材性能影响不大，而吸附水则是影响木材性质的主要因素。

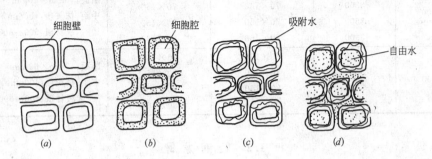

图2-1　木材含水状态示意图
(a) 全干状态；(b) 气干状态；(c) 纤维饱和状态；(d) 饱水状态

木材在干燥过程中，自由水蒸发完毕，而细胞壁中的吸附水仍处于饱和状态时的含水率叫纤维饱和点。木材含水率大于纤维饱和点时，细胞腔内的水分变化与细胞壁无关，对强度影响很少。当小于纤维饱和点时，其强度将随含水率的减少而增加，其原因是水分减少，使细胞壁物质变干而密实，强度提高。反之，细胞壁物质软化，膨胀而松散，强度降低。

在纤维饱和点以下，木材会产生湿胀干缩的现象。即当干燥到纤维饱和点以下时，细胞壁中的吸附水开始蒸发，木材发生收缩。反之，当木材吸湿时，吸附水增加，发生体积膨胀。

4) 强度：木材的强度有抗压、抗拉、抗剪、抗弯强度，其中抗压、抗拉、抗剪强度又有顺纹和横纹之分（图2-2）。

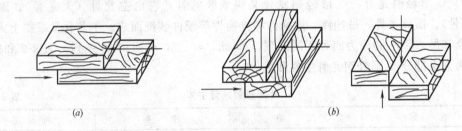

图2-2　顺纹和横纹的剪切
(a) 顺纹剪切；(b) 横纹剪切

1.1.2　木龙骨（搁栅）

木龙骨（搁栅）是由原木或较大规格的方木加工而成的，截面为正方形或长方形。其规格见表2-1。

木材骨架料必须是烘干、无扭曲的红、白松树种，并按设计要求进行防火处理。木龙骨规格应按设计要求确定，如设计无明确规定时，大龙骨规格为50mm×70mm或50mm×100mm；小龙骨规格为50mm×50mm或40mm×60mm。

木龙骨（搁栅） 表2-1

中距 (mm)	跨度 (mm)	断面(mm)		备 注
		无保温层	有保温层	
≤1500	3000	70×120	70×130	断面:40mm×40mm 中距:抹灰顶:400mm 板材顶:500～600mm
	3300	70×140	70×150	
	3600	70×150	80×150	
	3900	80×150	80×160	
≤2000	3000	70×130	70×140	断面:40mm×60mm 中距:抹灰顶:400mm 板材顶:500～600mm
	3300	80×140	80×150	
	3600	80×150	80×160	
	3900	90×150	90×160	

1.2 轻钢龙骨

轻钢龙骨在吊顶工程应用较普遍。特别是在有附加荷载（上人检查或吊挂设备等）的吊顶工程中应用更为广泛。《建筑用轻钢龙骨》中明确地规定了U形龙骨（承载龙骨）和C形龙骨（覆面龙骨）的力学性能指标，为使用提供了可靠的依据。

U形和C形轻钢龙骨配合被广泛地应用于大幅面板材（900～1200mm×1000～3000mm的纸面石膏板以及其他各种吊顶用薄板材）的吊顶中。同时U形轻钢龙骨与各种横截面形状（T形、Y形等）的铝合金龙骨相配合，可以组装或适用于小幅面板材的吊顶中。

1.2.1 U、C、L形轻钢龙骨

U、C、L形轻钢龙骨是以厚度为0.5～1.5mm的冷轧钢带、镀锌钢带或彩色喷塑钢带为原料，经数道辊压、冷弯而成。它具有良好的综合性能，灵活的应用形式，多样化的吊顶表面形式，施工简便、快速，相对于铝合金吊顶龙骨来说，它能承受较大的荷载。

（1）品种

1) U形轻钢龙骨：U形轻钢龙骨又叫承载龙骨，它由主龙骨（大龙骨）、副龙骨（中龙骨）、横撑龙骨、吊挂件、接插件和挂插件等配件装配而成。主龙骨又根据上人或不上人及其吊点距不同分为四种不同系列，即38、45、50系列和60系列。表2-2和表2-3分别为常用部分U形轻钢龙骨主件和配件。

U形轻钢龙骨主体 表2-2

名 称	简 图	名 称	简 图
38系列主龙骨		U25中龙骨	
50系列主龙骨		U50中龙骨	
60系列主龙骨		U60中龙骨	

U形轻钢龙骨配件　　　　　表2-3

名　称	简　图	备　注	名　称	简　图	备　注
38系列主龙骨吊件			U25龙骨挂件		50系列 60系列 38系列
50、60系列主龙骨吊件		50系列 60系列	U50龙骨挂插件		通用
60系列主龙骨吊件			U25龙骨挂插件		通用
U50龙骨挂件		60系列 50系列 38系列	U50龙骨接插件		通用
			U25龙骨接插件		通用
主龙骨连接件		60系列 50系列 38系列	主龙骨连接件		60系列 50系列 38系列

2) C形轻钢龙骨：C形轻钢龙骨起到组成吊顶龙骨骨架和连接吊顶板的作用（在无承载龙骨的吊顶中，C形吊顶轻钢龙骨独自承受吊顶本身及其他荷载），又称之为覆面龙骨。

3) L形轻钢龙骨：主要用于吊顶与四周墙相接处，并起连接吊顶板的作用，又称为边龙骨。有时吊顶省去不用该种龙骨。

(2) 尺寸规格及标记方法

1) 尺寸规格：轻钢龙骨的尺寸规格参见表2-4。

轻钢龙骨的尺寸规格表　　　　　表2-4

名称	截面形状	规　格							
		D38		D45		D50		D60	
		尺寸A(mm)	尺寸B(mm)	尺寸A(mm)	尺寸B(mm)	尺寸A(mm)	尺寸B(mm)	尺寸A(mm)	尺寸B(mm)
承载龙骨	U形	38		45		50		60	
覆面龙骨	C形	38		45		50		60	
边龙骨	L形								

注：1. 规格之所以用承载龙骨的尺寸来划分，主要原因是承载龙骨是决定吊顶荷载大小的关键。
　　2. 不同规格尺寸的承载龙骨、覆面龙骨、边龙骨可以根据需要配合使用。

2) 标记方法

标记顺序为：产品名称、代号、横截面的宽度、高度、钢板厚度和本标准号。

标记示例：横截面形状为 C 形，宽度为 50mm，高度为 15mm，钢板厚度为 1.5mm 的吊顶承载龙骨标记为：DC50×15×1.5。

(3) 性能

1) 力学性能：轻钢龙骨组件的力学性能要求，参见表 2-5。

轻钢龙骨组件的力学性能表 表 2-5

项　目		要　求
静载试验	覆面龙骨	最大挠度≤10.0mm，残余变形量≤2.0mm
	承载龙骨	最大挠度≤5.0mm，残余变形量≤2.0mm

2) 表面防锈：轻钢龙骨表面应镀锌防锈，对其双面镀锌量的要求为：优等品 120g/m²、一等品 100g/m²、合格品 80g/m²。

3) 外观质量：轻钢龙骨的外形要平整、棱角清晰，切口不允许有影响使用的毛刺和变形。镀锌层不允许有起皮、起瘤、脱落等缺陷。对于腐蚀、损伤、黑斑、麻点等缺陷的要求，参见表 2-6。

轻钢龙骨外观质量要求 表 2-6

缺陷种类	优等品	一等品	合格品
腐蚀、损伤 黑斑、麻点	不允许	无较严重的腐蚀、损伤、麻点。面积不大于 1cm² 的黑斑每米长度内不多于 5 处	

(4) 配件材料

采用轻钢龙骨组装成吊顶的龙骨骨架，必须要各种配件材料才能够实现，其主要配件材料有龙骨吊件、龙骨挂件、龙骨支托、龙骨连接件、龙骨吊挂件、吊杆等。详见表 2-3。

1.2.2　T、L 形轻钢龙骨

(1) T、L 形轻钢龙骨的主要特点

1) 施工简便、快速。由于采用 T、L 形轻钢龙骨所组装成的吊顶龙骨骨架，当安装吊顶板材时，只需将板边搭装（或嵌装）于 T 形轻钢龙骨的两翼上，做成明龙骨吊顶（或暗龙骨吊顶），而无需用自攻螺钉紧固，节省工时，缩短了施工周期，加快吊顶工程进度。

2) 应用形式灵活。根据吊顶的荷载情况，T、L 形轻钢龙骨既可以用其单独组装成无附加荷载（如上人检查、吊装设备等）的吊顶龙骨骨架，又可以和承载龙骨（U 形吊顶轻钢龙骨）组装成有附加荷载（如上人检查、吊装设备等）的吊顶龙骨骨架。

3) 节省材料费用。由于 T 形吊顶轻钢龙骨横截面形状比 U 形、C 形吊顶轻钢龙骨横截面形状更趋合理，所以降低了材料所需的费用。

(2) 品种

1) T 形轻钢龙骨：起组装成吊顶龙骨骨架及搭装（或嵌装）吊顶板的作用。T 形轻钢龙骨有两种结构不同的横截面。如图 2-3 (a)、(b) 所示。

2) L 形轻钢龙骨：起吊顶与四周墙壁相接处和搭装（或嵌装）吊顶板的作用。有时吊顶省去不用该种龙骨，如图 2-3 (c) 所示。

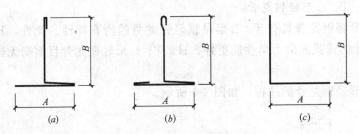

图 2-3 T、L形轻钢龙骨截面示意
(a)、(b) T形龙骨；(c) L形龙骨

(3) 规格

T、L形轻钢龙骨有两种规格，第一种又分为Ⅰ、Ⅱ两个不同规格，其详细尺寸参见表2-7。

T、L形吊顶轻钢龙骨的规格 表 2-7

名称		尺寸(mm)			名称		尺寸(mm)		
		第一种		第二种			第一种		第二种
		Ⅰ	Ⅱ				Ⅰ	Ⅱ	
T形	A	19	16	16	L形	A	19	16	16
	B	35	40	40		B	35	40	40

(4) 配件材料

T、L形轻钢龙骨骨架是由龙骨材料和其配件材料（附件）组装而成的，T、L形轻钢龙骨的附件主要有挂件和连接件，附件的形式及用途见表2-8。

T、L形轻钢龙骨的主要配套材料 表 2-8

	名称	形式	用途
第一种	T形龙骨连接件		用于T形龙骨纵向使用时的边长连接
	T形龙骨挂件		用于T形龙骨纵向使用时与U形龙骨（承载龙骨）之间的连接
第二种	T形龙骨挂件		用于T形龙骨（纵向）与U形龙骨（承载龙骨）之间的连接，只适用于有附加荷载的吊顶
	T形龙骨吊挂件		用于T形龙骨（纵向）与吊杆的连接，只适用于无附加荷载的吊顶
配件	T形龙骨（纵向）连接件		用于T形龙骨（纵向）加长连接
	吊挂件紧固螺栓		用于T形龙骨吊挂件与吊杆的连接
	隔离件		用于保证相邻两根T形龙骨（纵向）的间距，并起稳固龙骨骨架的作用

1.2.3 H、T、L形轻钢龙骨

H、T、L形轻钢龙骨具有T、L形吊顶轻钢龙骨的所有特性。此外，H形轻钢龙骨和T形轻钢龙骨的横截面的力学性能更好。H、T、L形轻钢龙骨目前尚无国家标准。

(1) 品种

H、T、L形轻钢龙骨的品种，如图2-4所示。

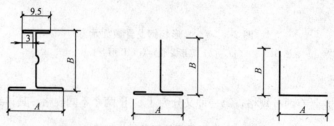

图2-4 H、T、L形轻钢龙骨截面示意图

H形轻钢龙骨起组装成吊顶龙骨骨架及搭装（或嵌装）吊顶板的作用；T形吊顶轻钢龙骨起搭装（或嵌装）吊顶板（在吊顶板的宽度方向上）的作用，对于吊顶龙骨骨架的稳定性也起一定的作用；L形吊顶轻钢龙骨用于吊顶与四周墙壁相接处和搭装（或嵌装）吊顶板的作用。

(2) 规格

H、T、L形轻钢龙骨的规格，参见表2-9。

H、T、L形轻钢龙骨的规格　　　　　　表2-9

名称	尺寸(mm)		名称	尺寸(mm)	
	A	B		A	B
H形	19.5	22	L形	19	19
T形	19	19			

(3) 配件材料

H、T、L形轻钢龙骨骨架是由龙骨及各种配件材料（附件）组合而成的，其主要配件材料见表2-10。

H、T、L形轻钢龙骨配件材料　　　　　　表2-10

名称	形式	用途
H形龙骨挂件		用于H形龙骨与U形龙骨(承载龙骨)之间的连接。只适用于有附加荷载的吊顶
H形龙骨吊挂件		用于H形龙骨和吊杆2的连接，只适用于无附加荷载的吊顶

1.3 铝合金龙骨

铝合金龙骨在吊顶工程中应用很常见，该类龙骨被广泛地应用于小幅面吊顶板材的吊

顶工程中。铝合金龙骨按其横截面形状的不同分为：T形、L形、Y形、U形、Ω形等数种。

1.3.1 T、L形铝合金龙骨

（1）T、L形铝合金龙骨的特点

T、L形铝合金龙骨是国内应用最普遍的吊顶龙骨材料。T、L形铝合金龙骨具有一定的强度和刚度，与T、L形轻钢龙骨相比，它具有以下几个特点：

1）重量轻。其密度约为轻钢龙骨的1/3。

2）尺寸精度高。由于铝合金比镀锌钢板的延展性好，所以不同的加工工艺决定了吊顶铝合金龙骨具有较高的尺寸精度。

3）装配性能好。正是由于铝合金龙骨具有较高的尺寸精度，所以更适于安装尺寸要求较高的吊顶板材（例如，采用嵌插安装方法的吊顶板，如嵌装式装饰石膏板和装饰吸声矿物棉板等）。

4）装饰性好。由于铝合金表面可以采用镀膜工艺，其表面具有银白色、古铜色、暗红色、青铜色、黑色等色泽，若吊顶板采用搭装的方法（即为明龙骨吊顶），龙骨表面形成柔和色泽的铝格框，对吊顶的整个表面具有良好的装饰效果。

5）节省材料。由于铝合金龙骨的尺寸精度高，加工性能好，所以其横截面尺寸比较小。

6）应用形式灵活。T、L形铝合金龙骨同T、L形轻钢龙骨一样既可以做成明龙骨吊顶，也可以做成暗龙骨吊顶。在承载能力方面，它既可以单独组装成只能承受吊顶本身自重荷载的吊顶，也可以和U形吊顶轻钢龙骨（承载龙骨）配合组装成能承受附加荷载（如上人检查、吊挂设备等）的吊顶。

（2）品种

T、L形铝合金龙骨的品种有以下两种：

1）T形铝合金龙骨起组装吊顶龙骨骨架及搭装（或嵌装）吊顶板的作用。其截面形状如图2-5（a）、（b）所示。其中T形（纵向）可直接与吊挂件相连接组成无承载龙骨吊顶，或通过挂件与承载龙骨（U形轻钢龙骨）相连接，组装成有承载龙骨吊顶。

2）L形铝合金龙骨固定在吊顶房间四周墙壁，与T形铝合金龙骨一同构成吊顶骨架。其截面形状如图2-5（c）所示。

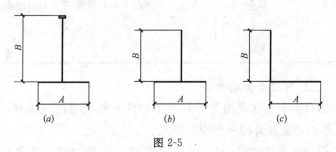

图 2-5
(a) T形（纵向）；(b) T形（横向）；(c) L形（边龙骨）

（3）规格

L、T形铝合金龙骨的规格，参见表2-11。

L、T形铝合金龙骨的规格表　　　　　表2-11

名　称		尺寸(mm)		名　称		尺寸(mm)	
		Ⅰ	Ⅱ			Ⅰ	Ⅱ
T形(纵向)	A	23	25	T形(横向)	B	23	25
	B	32	32	T形(边龙骨)	A	18	25
T形(横向)	A	23	25		B	32	25

(4) 配套材料

T、L形铝合金龙骨骨架是由龙骨和其配套材料（附件）组装而成的，其主要配套材料，参见表2-12。

T、L形铝合金龙骨配套材料　　　　　表2-12

名　称	形　式	用　途
T形龙骨(异形)		用于组成有变标高的龙骨骨架 用于搭装或嵌装吊顶板
T形龙骨 (纵向、异形)连接件		用于T形龙骨(纵向或异形)的连接
T形龙骨(纵向) 挂件1		用于T形龙骨(纵向)与U形轻钢龙骨(承载龙骨)的连接
T形龙骨(横向) 挂件2		用于T形(横向)与T形(纵向)龙骨的连接
T形龙骨(纵向) 挂件3		用于T形龙骨(异形)与U形轻钢龙骨(承载龙骨)的连接
T形龙骨(纵向和异性) 吊挂件		用于T形龙骨(纵向和异形)与吊杆的连接。只适用于无附加荷载的吊顶

1.3.2 Y、∏、L形铝合金龙骨

Y、∏、L形铝合金龙骨在我国是近几年出现的一种新型吊顶龙骨，Y、∏形铝合金龙骨实际上是T形铝合金龙骨的一种变异形式。

Y、∏、L形铝合金龙骨的特点与T、L形铝合金龙骨相同。其差异仅在于吊顶表面存在着由Y、∏形本身结构所形成的槽状的框格，具有新颖的装饰效果。

(1) 品种

Y、∏、L形铝合金龙骨的品种有以下三种：

1) Y形铝合金龙骨：起组装成吊顶龙骨骨架（纵向分布）及搭装（或嵌装）吊顶板的作用，如图2-6（a）所示。

2) ⊓形铝合金龙骨：起组装成吊顶龙骨骨架（横向分布）及搭装（或嵌装）吊顶板的作用，如图2-6（b）所示。

3) L形铝合金龙骨：用于吊顶与四周墙壁相接处和搭装（或嵌装）吊顶板的作用，如图2-6（c）所示。

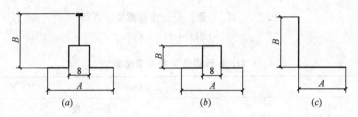

图 2-6　Y、⊓、L形铝合金龙骨截面示意图
(a) Y形；(b) ⊓形；(c) L形

（2）规格

Y、⊓、L形吊顶铝合金龙骨的规格，参见表2-13。

表 2-13

名　称	尺　寸(mm)		名　称	尺　寸(mm)	
Y形	A	25	⊓形	B	10
	B	20	L形	A	25
⊓形	A	25		B	25

（3）配套材料

Y、⊓、L形铝合金龙骨骨架，是由龙骨及其配套材料（附件）组装而成的。其配套材料与T、L形铝合金龙骨配套材料相同，即可参见表2-12。

1.3.3　Ω、L形铝合金龙骨

Ω、L形铝合金龙骨结构新颖，组装形式独特，丰富了铝合金吊顶龙骨的品种。Ω、L形铝合金龙骨具有T、L形和Y、⊓、L形吊顶铝合金龙骨的特点。此外，它还具有吊顶结构简单、配套材料少的特点，因而施工更为简便、快速。

（1）品种

Ω、L形铝合金龙骨的品种有以下两种：

1) Ω形铝合金龙骨：起组装成吊顶龙骨骨架及搭装（或嵌装）吊顶板的作用，如图2-7（a）所示。

2) L形铝合金龙骨：起吊顶与四周墙壁相接处搭装（或嵌装）吊顶板的作用，如图2-7（b）所示。

（2）规格

Ω、L形铝合金龙骨的规格面尺寸，参见表2-14。

（3）性能

Ω形铝合金龙骨组装成的吊顶龙骨骨架的均布承载能力为15.8kg/m^2；当均布荷载为

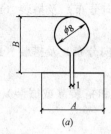
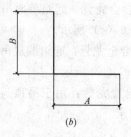

图 2-7　Ω、L 形铝合金龙骨截面示意图
(a) Ω形；(b) L 形

Ω、L 形铝合金龙骨规格表　　　　　　　　　　　　　　　　　　表 2-14

名　称	截面尺寸		长　度				
			吊顶板为 600mm×600mm			吊顶板为 500mm×500mm		
	A	B	长龙骨	中龙骨	短龙骨	长龙骨	中龙骨	短龙骨
Ω形	22	19	1215	1207	600	1015	1007	500
L形	25	25						

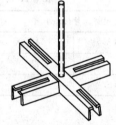

图 2-8　Ω形铝合金龙骨吊挂件

15.8kg/m² 时，其挠度为 <$L/150$（L 为吊点之间的距离）。

（4）配套材料

Ω、L 形铝合金龙骨骨架，是由图 2-8 所示的特殊配套材料（十字吊挂件）与龙骨连接而成的，该吊挂件与吊杆直接连接，Ω形龙骨通过吊挂件纵横连接，形成吊顶骨架。

除上述介绍的木龙骨、轻钢龙骨和铝合金龙骨外，在吊顶工程中，为了解决较大设备管道的空中架设以及吊顶需要承受较大荷载常采用型钢作为吊顶的主龙骨，在主龙骨下再吊设其他龙骨，这种形式的吊顶基层被称为混合基层，其做法详见单元 3。

课题 2　吊顶饰面材料

吊顶饰面材料是吊顶装饰工程中的重要组成部分，其作用是装饰美化室内空间环境，同时还要兼具一些特定的功能，如吸声、防火、保温等。所以，在选择饰面装饰材料时，应考虑重量轻、美观、防火、隔热和保温等要求，以及便于安装施工等因素。

目前，国内用于吊顶的新型饰面材料较多，形式多样，花色新颖，五彩纷呈。按其材料组成大致分为：木和人造木类、石膏类（如，各种纸面石膏板、各种装饰石膏板等）、纤维增强水泥类（如，埃特尼特板、TK 板等）、植物纤维类（如，麻屑板、竹篾层压板等）、无机纤维类（如，矿物棉板、玻璃棉板），以及各种铝合金板、彩色镀锌钢板等。按其规格大小一般分为两类：一类是幅面较大的板材，其规格为 600～1200mm×1000～3000mm；另一类为 300～600mm×600～1200mm。按其性能又分为：轻质饰面板、保温饰面板和吸声饰面板等。常见饰面材料及其性能见表 2-15。

板材及其性能表　　　　　　　表 2-15

名　称	抗弯强度	抗拉强度	抗压强度	耐水性	耐火性	可加工性
人造木板材	○	○	○	×	×	√
普通纸面石膏板	×	○	○	×	×	○
耐水纸面石膏板	×	○	○	○	×	○
耐火纸面石膏板	×	○	○	×	○	○
石棉增强水泥板	×	○	○	○	○	○
石棉增强水泥压力板	○	○	○	○	○	○
埃特尼特板	√	√	√	√	○	○
TK 板	○	○	○	○	○	○
GRC 轻板	√	√	○	○	○	○
硅钙板	○	○	○	○	○	○
AP 板	×	○	○	○	○	○
刨花板	○	○	○	×	×	○
稻壳板	×	○	○	×	×	○
蔗渣板	○	○	○	×	×	√
麻屑板	○	○	○	×	×	√
竹篾层压板	×	○	○	×	×	○
金属装饰板	×	√	×	√	√	○

注：表中 √—优，○—适中，×—差。

2.1　人造类饰面板材

2.1.1　木胶合板（又称夹板）

木胶合板是用椴木、桦、杨、榉木、水曲柳及进口原木等经蒸煮、旋切或刨切成薄片单板，再经烘干、整理、涂胶后，将单板叠成奇数层，并每一层的木纹方向要求纵横交错，再经加热后制成的一种人造板材，它分为三夹板、五夹板、七夹板、九夹板、十一夹板等。

(1) 特点

1) 板材面积大，可进行加工；
2) 纵向和横向的强度均匀；
3) 板面平整，收缩性小，木材不开裂、翘曲；
4) 木材利用率较高。

(2) 规格

目前，国内和进口板材较多的尺寸是 1220mm×2440mm×(厚度 mm)，厚度有 3、3.5、5、6、7、8、9、11、12mm 等多种。

(3) 用途

主要用作吊顶面、墙面、墙裙面、造形面，以及各种家具。另外，夹板面上还可油漆、裱贴墙纸墙布、粘贴塑料装饰板和进行涂料的喷涂等处理。

2.1.2　宝丽板、富丽板

宝丽板又称华丽板，是以三夹板为基料，贴以特种花纹纸面，涂覆不饱和树脂后表面再压合一层塑料薄膜保护层。而富丽板则不加塑料薄膜保护层。

(1) 特点

1) 板面光亮、平直；
2) 色调丰富多彩，有图案花纹；
3) 比油漆面耐热、耐烫；
4) 对酸碱、油脂、酒精等有一定抗御能力；
5) 易清洗。
(2) 规格
与夹板规格相同。
(3) 用途
主要用于墙面、墙裙、柱面、造型面、家具面等。

2.1.3 刨花板

利用木材加工过程中的下脚料（刨花、锯末、碎木）作原料，加入一定量的合成树脂，再经铺装、入模热压、干燥而制成的一种人造板材。

(1) 特点
1) 板面严整挺实，特别适宜制成各种木器家具；
2) 纵横向强度一致；
3) 可加工性好；
4) 可进行二次加工，制成各种功能（防火、防霉、隔声）的板材。

(2) 规格
与夹板规格相同。
(3) 用途
适用于顶棚、墙面、隔断及家具制作。

2.1.4 纤维板

纤维板是以植物纤维为主要原料，经过纤维分离、成型、干燥和热压等工序制成的一种人造板材。纤维板又分为硬质纤维板、半硬质纤维板、软质纤维板等。主要用于顶棚、墙面、隔断及家具制作。半硬质纤维板可在表面雕刻、贴面、油漆、染色，应用面较广。

2.1.5 微粒板

利用木屑的微粒加入胶粘剂，经高温高压成型制成的一种人造板材。主要用于隔墙、复合墙体、音箱板、音响柜等。

2.1.6 薄木贴面装饰板

选用珍贵树种（如水曲柳、樟木、酸枣木、花梨木等），通过精密刻切，制得厚度为 0.2~0.8mm 的薄木，以夹板、纤维板、刨花板等为基材，采用先进的胶粘工艺，经热压制成的一种装饰板材。

薄木作为一种表面装饰材料，不能单独使用，只有粘贴在一定厚度和具有一定强度的基层板上才能合理地利用。

2.2 石膏类饰面板

我国的石膏资源丰富，贮量居世界第一位，分布广。目前，石膏板已在我国各种高、中档建筑中广泛采用，产量不断上升，产品质量也有大幅度提高。

石膏板按石膏材料的结晶形式分为 α 形石膏和 β 形石膏。我国建筑装饰石膏制品，多为后一种。按其表面的装饰方法、花型和功能分类如图2-9所示。

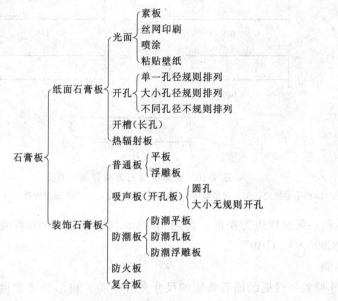

图2-9 石膏板的分类

2.2.1 普通纸面石膏板

普通纸面石膏板具有轻质、耐火、隔热、隔声、低收缩率和较高强度的优良综合物理性能，还具有自动微调室内湿度的作用。该种制品还具有良好的可加工性能，可钉、可锯、可刨、可用螺钉紧固或采用以石膏为基材的粘结剂（以及其他粘结剂）粘结。

普通纸面石膏板主要用于室内墙体和吊顶，但在厨房、厕所以及空气相对湿度经常大于70%的潮湿环境中使用时，必须采取相应的防潮措施。

普通纸面石膏板是以石膏矿石（主要成分为$CaSO_4 \cdot 2H_2O$）为基本原料，经粗碎、粉磨、煅烧制成熟石膏粉，即为建筑石膏粉（主要成分为$CaSO_4 \cdot 1/2H_2O$）。然后，在熟石膏粉内加入其他辅料，如纤维、粘结剂、促凝剂、缓凝剂等，再加入适量的水经混合、搅拌呈浆状，再将料浆均匀铺在底纸上，上面再覆以面纸，再经过整形、胶凝、干燥等工序即制成普通纸面石膏板。

（1）品种

普通纸面石膏板制品按其棱边形状可分为五种：矩形（代号PJ）、45°倒角形（代号PD）、楔形（代号PC）、半圆形（代号PB）和圆形（代号PY）。其截面形状如图2-10所示。

（2）规格尺寸及标记方法

1）规格尺寸：

长度：1800、2100、2400、2700、3000、3300、3600mm；

宽度：900、1200mm；

厚度：9、12、15、18mm。

2）标记方法：

标记顺序：产品名称、板材棱边形状的代号、板宽、板厚、标准号。

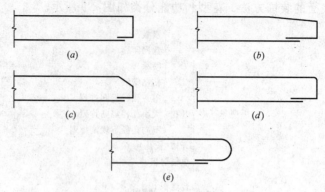

图 2-10 普通纸面石膏板截面示意图
(a) 矩形棱边；(b) 楔形棱边；(c) 45°倒角棱边；(d) 半圆形棱边；(e) 圆形棱边

标记示例：板材棱边为楔形、宽为 900mm、厚为 12mm 的普通纸面石膏板：普通纸面石膏板 PC900×12 GB9775。

(3) 性能

1) 尺寸偏差：普通纸面石膏板的尺寸允许偏差、楔形棱边深度和宽度要求，参见表 2-16。

普通纸面石膏板的尺寸允许偏差（mm）　　　　表 2-16

项　目	优　等　品	一　等　品	合　格　品
长度	0 / −5	0 / −6	
宽度	0 / −4	0 / −5	0 / −6
厚度	±0.5	±0.6	±0.8
楔形棱边深度	0.6～2.5		
楔形棱边宽度	40～80		

2) 含水率：普通纸面石膏板的含水率应不大于下列规定的数值，参见表 2-17。

普通纸面石膏板的含水率（%）　　　　表 2-17

优等品、一等品		合　格　品	
平均值	最大值	平均值	最大值
≤2.0	≤2.5	≤3.0	≤3.5

3) 单位面积重量：普通纸面石膏板的单位面积重量应不大于下列规定的数值，参见表 2-18。

(4) 护面纸与石膏芯的粘结

普通纸面石膏板护面纸与石膏芯的粘结要求为：按规定的方向测定时，优等品与一等品石膏芯的裸露面积不得大于零，合格品不得大于 $3.0cm^2$。

(5) 外观质量

普通纸面石膏板的外观质量要求，参见表 2-19。

普通纸面石膏板的单位面积重量（kg/m²） 表 2-18

板厚(mm)	优等品		一等品		合格品	
	平均值	最大值	平均值	最大值	平均值	最大值
9	8.5	9.5	9.0	10.0	9.5	10.5
12	11.5	12.5	12.0	13.0	12.5	13.5
15	14.5	15.5	15.0	16.0	15.5	16.5
18	17.5	18.5	18.0	19.0	18.5	19.5

普通纸面石膏板的外观质量要求 表 2-19

波纹、沟槽、污痕和划伤等缺陷		
优等品	一等品	合格品
不允许有	允许有,但不明显	允许有,但不影响使用

2.2.2 耐水纸面石膏板

耐水纸面石膏除了具有普通纸面石膏板的各种特点之外,还具有良好的耐水、防潮性能。故能适用于建筑物中湿度较大的房间和部位,如卫生间、浴室、厨房等贴瓷砖、（陶瓷锦砖,又名马赛克）、塑料壁纸等的饰面材料的基体。

耐水纸面石膏板的原料基本与普通纸面石膏板相同,不同之处在于耐水纸面石膏板的芯体原料中掺有适量的耐水外加剂等。其护面纸为耐水性能优异的纸板。

（1）品种

耐水纸面石膏板制品按其棱边形状可分为五种：矩形（代号 SJ）、45°倒角形（代号 SD）、楔形（代号 SC）、半圆形（代号 SB）和圆形（代号 SY）。其截面形状参见图 2-10。

（2）规格尺寸及标记方法

1）规格尺寸

长度：1800、2100、2400、2700、3000、3300、3600mm；

宽度：900、1200mm；

厚度：9、12、15mm。

注：可根据用户要求,生产其他规格尺寸的板材,但其性能应符合下面的要求。

2）标记方法

标记顺序：产品名称、板材棱边形状代号、板宽、板厚、标准号。

标记示例：板材棱边为矩形、宽为 900mm、厚为 15mm 的耐水纸面石膏板的标记方法：耐水纸面石膏板 SJ900×15 GB11978。

（3）性能

1）尺寸偏差：耐水纸面石膏板的尺寸允许偏差、楔形棱边深度和宽度要求,参见表 2-20。

2）含水率：耐水纸面石膏板的含水率应不大于下列规定的数值,参见表 2-21。

3）单位面积重量：耐水纸面石膏板的单位面积重量应不大于下列规定的数值,参见表 2-22。

耐水纸面石膏板的尺寸允许偏差（mm）　　　　　　　　　　　表 2-20

项　　目	优 等 品	一 等 品	合 格 品
长度	0 / −5	0 / −6	0 / −6
宽度	0 / −4	0 / −5	0 / −6
厚度	±0.5	±0.6	±0.8
楔形棱边深度	0.6～2.5		
楔形棱边宽度	40～80		

耐水纸面石膏板的含水率（%）　　　　　　　　　　　　表 2-21

优等品、一等品		合 格 品	
平均值	最大值	平均值	最大值
2.0	2.5	3.0	3.5

耐水纸面石膏板的单位面积重量（kg/m²）　　　　　　　表 2-22

厚度(mm)	优等品	一等品	合格品
8	9.0	9.5	10.0
12	12.0	12.5	13.0
15	15.0	15.5	16.0

4）吸水率：耐水纸面石膏板浸水 2h 的吸水率应不大于下列规定的数值，参见表 2-23。

耐水纸面石膏板浸水 2h 的吸水率（%）　　　　　　　　表 2-23

等　级	优 等 品	一 等 品	合 格 品
平均值	5.0	8.0	10.0
最大值	6.0	9.0	11.0

5）难燃性：耐水纸面石膏板应为难燃性材料。

6）护面纸与石膏芯的湿粘结：耐水纸面石膏板浸水 2h 后，护面纸与石膏芯不得剥离。

7）外观质量：耐水纸面石膏板的外观质量要求，参见表 2-24。

耐水纸面石膏板的外观质量要求　　　　　　　　　　　　表 2-24

波纹、沟槽、污痕和划伤等缺陷		
优等品	一等品	合格品
不允许	不明显	不影响使用

2.2.3 耐火纸面石膏板

耐火纸面石膏板除了具有普通纸面石膏板的各种特点之外，其耐火性能优异，故适用于对耐火性能要求较高的室内隔墙和吊顶用板材。

耐火纸面石膏板的原料基本与普通纸面石膏板相同。不同之处在于耐火纸面石膏板的芯体原料中，掺入适量无机耐火纤维增强材料。

(1) 品种

耐火纸面石膏板制品按其棱边形状可分为五种：矩形（代号 HJ）、45°倒角形（代号 HD）、楔形（代号 HC）、半圆形（代号 HB）和圆形（代号 HY），其截面形状参见图 2-10。

(2) 规格尺寸和标记方法

1) 规格尺寸

长度：1800、2100、2400、2700、3000、3300、3600mm；

宽度：900、1200mm；

厚度：9、12、15、18、21、25mm。

注：可根据用户要求，生产其他规格尺寸的板材，但其性能应符合下面的要求。

2) 标记方法

标记顺序：产品名称、板材棱边形状代号、板宽、板厚、标准号。

标记示例：板材棱边为楔形、宽为 900mm、厚为 15mm 的耐火纸面石膏板的标记方法：耐火纸面石膏板 HC900×15 GB11979。

(3) 性能

1) 尺寸偏差：耐火纸面石膏板的尺寸允许偏差、楔形棱边深度和宽度要求，参见表 2-25。

耐火纸面石膏板的尺寸允许偏差（mm）　　　　　表 2-25

项　目	优 等 品	一 等 品	合 格 品
长度	0 −5	0 −6	
宽度	0 −4	0 −5	0 −6
厚度	±0.5	±0.6	±0.8
楔形棱边深度	0.6～2.5		
楔形棱边宽度	40～80		

2) 含水率：耐火纸面石膏板的含水率应不大于下列规定的数值，参见表 2-26。

耐火纸面石膏板的含水率（%）　　　　　表 2-26

优等品、一等品		合　格　品	
平均值	最大值	平均值	最大值
2.0	2.5	3.0	3.5

3) 单位面积重量：耐火纸面石膏板的单位面积重量要求，参见表 2-27。

4) 燃烧性能：耐火纸面石膏板的燃烧性能应符合《建筑内部装修设计防火规范》（GB 50222—2001）中的 B_1 级建筑材料的要求，不带护面纸的石膏芯材应符合《建筑内部装修设计防火规范》（GB 50222—2001）中的 A 级建筑材料的要求。

耐火纸面石膏板的单位面积重量 表2-27

板材厚度(mm)	单位面积重量(kg/m²)	板材厚度(mm)	单位面积重量(kg/m²)
9	8.0~10.0	18	15.0~19.0
12	10.0~13.0	21	17.0~22.0
15	13.0~16.0	25	20.0~26.0

5) 遇火稳定性：耐火纸面石膏板的遇火稳定时间应不小于下列规定的数值，参见表2-28。

耐火纸面石膏板的遇火稳定时间（min） 表2-28

优等品	一等品	合格品
30	25	20

6) 护面纸与石膏芯的粘结：耐火纸面石膏板的护面纸与石膏芯的粘结要求是按规定的方法测定时，优等品与一等品石膏芯不应裸露，合格品的石膏芯裸露面积应不大于$3.0cm^2$。

7) 外观质量：耐火纸面石膏板的外观质量要求，参见表2-29。

耐火纸面石膏板的外观质量 表2-29

波纹、沟槽、污痕和划伤等缺陷		
优等品	一等品	合格品
不允许	不明显	不影响使用

2.2.4 装饰石膏板

装饰石膏板是一种具有良好的防火性能和隔声性能的吊顶板材。该板材密度适中，强度较好，施工安装简便、快速。由于其制作工艺为浇注成型，因此它不但可以被制成平面的，还可以制成有浮雕图案，风格独特的板材，以及带有小孔洞（起吸声作用）的装饰石膏板。

(1) 品种

装饰石膏板按其防潮性能的不同可分为两种：普通装饰石膏板和防潮装饰石膏板，参见表2-30。

装饰石膏板的品种 表2-30

分类	普通			防潮		
	平板	孔板	浮雕板	平板	孔板	浮雕板
代号	P	K	D	FP	FK	FD

按装饰石膏板棱边断面形状来分可分为两种：直角形装饰石膏板和倒角形装饰石膏板。

(2) 规格

装饰石膏板的规格有两种：500mm×500mm×9mm；600mm×600mm×11mm。

注：厚度：①不包括棱边倒角、孔洞和浮雕在内的板材正面与背面间的垂直距离。②可根据用户要

求生产其他规格尺寸的装饰石膏板，但其性能的各项指标应符合后面介绍的要求。

(3) 标记方法

标记顺序：产品名称、板材分类代号、板的边长及标准号。

标记示例：板材尺寸为 500mm×500mm×9mm 的防潮孔板的标记方法：装饰石膏板 FK500 GB 9777。

(4) 外观质量

装饰石膏板的外观质量要求为：装饰石膏板正面不应有影响装饰效果的气泡、污痕、缺角、色彩不均匀和图案不完整等缺陷。

2.2.5 嵌装式装饰石膏板（及嵌装式吸声石膏板）

嵌装式装饰石膏板（及嵌装式吸声石膏板）同装饰石膏板一样具有密度适中、一定的强度及良好的防火性能、隔声性能（嵌装式吸声装饰石膏板背面若复合具有耐火、吸声材料时），也具有施工安装简便、快速，制作工艺亦为浇注成型，故能制成有浮雕图案、风格独特的板材。除此之外，嵌装式装饰石膏板（及嵌装式吸声石膏板）最大的特点是由于板材背面四边加厚，并带有嵌装企口，采用嵌装的形式进行吊顶施工，所以施工完毕后的吊顶表面既无龙骨显露（称之为暗龙骨吊顶），又无紧固螺钉帽（采用嵌装，板材根本不用任何紧固件）显露，吊顶显得美观、大方、典雅。

嵌装式吸声石膏板是板面具有一定数量的穿孔，并常常在板材背面复合吸声材料而使其具有优良的吸声性能。

(1) 品种

嵌装式装饰石膏板按其正面的不同可分为三种：平面型、孔型和浮雕型。代号为 QZ。

嵌装式吸声石膏板由于是以带有一定数量穿透孔洞的嵌装式装饰石膏板为面板，在背面复合吸声材料，故只有带孔的一种。代号为 QS。

嵌装式装饰石膏板（及嵌装式吸声石膏板）按其棱边断面形状的不同可分为两种：直角形和倒角形。

(2) 规格尺寸和标记方法

1) 规格尺寸：嵌装式装饰石膏板（及嵌装式吸声石膏板）的规格有两种：边长 600mm×600mm，边厚大于 28mm；边长 500mm×500mm，边厚大于 25mm。

2) 标记方法：标记顺序为：产品名称、代号、边长和标准号。

标记示例：边长尺寸为 600mm×600mm 的嵌装式装饰石膏板：嵌装式装饰石膏板 QZ 600 GB 9778；边长尺寸为 500mm×500mm 的嵌装式吸声石膏板：嵌装式吸声石膏板 QS 500 GB 9778。

(3) 外观质量

嵌装式装饰石膏板（及嵌装式吸声石膏板）的外观质量要求为：嵌装装饰石膏板（及嵌装式吸声石膏板）的正面不得有影响装饰效果的气孔、污痕、裂纹、缺角、色彩不均和图案不完整等缺陷。

2.2.6 吸声用穿孔石膏板

吸声用穿孔石膏板的基础板材有装饰石膏板（带孔洞的）和纸面石膏板两种。吸声用穿孔石膏板具有"嵌装式吸声石膏板"所具有的特性（除了安装特性之外）。此外，以纸面石膏板为基础材料的吸声用穿孔石膏板的综合性能更好。

以装饰石膏板为基础板材的穿孔吸声石膏板是在装饰石膏板的背面复合吸声材料。

以纸面石膏板为基础板材的穿孔吸声石膏板是在纸面石膏板上打一定数量的透孔，并在板的背面复合吸声材料。

(1) 品种

吸声用穿孔石膏板可按其基础板材的不同和有无背覆材料来分，其分类及代号，参见表 2-31。

吸声用穿孔石膏板分类及代号　　　　表 2-31

基板与代号	背覆材料代号	板类代号
装饰石膏板 K	W(无)，Y(有)	WK，YK
纸面石膏板 C		WC，YC

(2) 规格尺寸及标记方法

1) 规格尺寸：吸声用穿孔石膏板的尺寸，边长 500、600mm，厚度 9、12mm。

2) 标记方法：标记顺序为：产品名称、背覆材料、基板类型、边长、厚度、孔径、孔距和标准号。

标记示例：吸声用穿孔装饰石膏板、无背覆材料、边长 500mm×500mm、厚度 9mm、孔径 5mm、孔距 22mm 的标记方法为：吸声用穿孔石膏板 WK 500×9-ϕ5-22 GB 11980；吸声用穿孔纸面石膏板、有背覆材料、边长 600mm×600mm、厚度 12mm、孔径 6mm、孔距 18mm 的标记方法为：吸声用穿孔石膏板 YC 600×12-ϕ6-18 GB 11980。

(3) 等级

吸声用穿孔石膏板分为优等品、一等品、合格品。

2.2.7　印花装饰石膏板

印花装饰石膏板一般以纸面石膏板为基础板材，采用丝网印刷工艺（或套色印刷）而制成。该种板材除了具有纸面石膏板所具有的各种优良性能之外，最大的特点是具有独特的装饰效果，板面上通过单色印刷或套色印刷使其上面印有单色或多色图案，使吊顶与室内外环境和建筑物风格相协调。而且一般在吊顶工程中多采用搭接在吊顶龙骨上，做成明龙骨吊顶施工简便、快速，所以在吊顶工程中较为常见。

(1) 品种

印花装饰石膏板的图案、花色品种非常多，而且仅就同一种图案来说，由于底色及图案颜色的不同搭配就会有数种，若采用套色印刷就会更多，不胜枚举。

(2) 规格

印花装饰石膏板的规格，边长 500、600mm，厚度 9、12mm。

(3) 等级

印花装饰石膏板分为优等品、一等品和合格品。

2.3　纤维增强水泥板

纤维水泥板主要是指以水泥为基体材料和粘结剂，以石棉纤维或玻璃纤维为增强材料而制成的薄板材。其特点是可以制成较薄、重量较轻、具有良好的抗拉强度和抗冲击强度、耐冷热、不受气候变化的影响、不燃烧，而且具有可锯、可钉、可刨等良好的可加工性能。故采用各种纤维水泥板制品用作围护材料,受到世界各国的重视。

纤维水泥板可广泛应用于各种环境的吊顶工程,即使是纸面石膏板不能适用的较潮湿环境。

2.3.1 石棉增强水泥板

石棉增强水泥板是采用真空辊压工艺生产的板材。该种板材具有良好的综合性能,同纸面石膏板一样,可与轻钢龙骨组装成复合墙体,而且可适用于较潮湿的环境,也可与吊顶龙骨组装成吊顶。

（1）石棉增强水泥板的特性

1) 石棉增强水泥板具有轻质、抗弯和抗冲击强度高、不燃、耐火以及良好的可加工性能（可锯、可钉、可钻、可粘）。

2) 石棉增强水泥板是以水泥、石棉纤维为主要原料、经过打浆、抄取、辊压、切断、蒸汽养护、空气养护而成。

（2）品种和规格

石棉增强水泥板按成型方法分为湿法辊压成型和干法辊压成型两种,其规格见表2-32。

石棉增强水泥板的规格表　　表 2-32

品　种	规　格　尺　寸(mm)		
	长度	宽度	厚度
湿法辊压成型	1800～3000	900	6
干法辊压成型	1500～3000	900～1200	5～8

（3）性能

石棉增强水泥板的性能,参见表 2-33。

石棉增强水泥板的性能　　表 2-33

项　目		性　能　指　标	
		湿法辊压成型	干法辊压成型
密度(g/cm^2)		>1.6	>1.8
横向抗折强度(MPa)	300 号	>30.0	19.0
	200 号	>20.0	
横向抗冲击强度(kg/m^2)	300 号	>1.96	>2.88
	200 号	>1.44	
横向抗拉强度(MPa)	300 号	17.8	11.9
	200 号	14.4	
吸水率(%)		<22	<10
浸水线膨胀率(%)		0.068～0.173	0.133
抗冻性,25 次冻融循环		合格	合格
不透水性,30cm 水柱		合格	合格
耐热性,80～90℃,25 次循环		—	合格

2.3.2 石棉增强水泥压力板

石棉增强水泥加压板是在制品的生产过程中,采用压力机对板坯进行压制,以期获得较高的力学性能。

石棉增强水泥加压板的特性,参见本课题中的"石棉增强水泥板"。

石棉增强水泥加压板是以水泥为主要原料,以石棉纤维或玻璃纤维等为增强材料,经过打浆、真空抄取、堆垛、加压、蒸汽养护、空气养护而成。

(1) 规格

石棉增强水泥加压板的规格尺寸,吊顶板厚度 4～5mm,长度 1200、2400mm,宽度 600、1200mm。

(2) 性能

石棉增强水泥加压板的性能,参见表 2-34。

石棉增强水泥加压板的性能　　　　　　表 2-34

项　目		性能数据	项　目	性能数据
密度(kg/m³)		1800	吸水率(%)	≤17
抗折强度(MPa)	横向	28	不透水性,经24h	底面无滴水
	纵向	20	抗冻性,经25次冻融循环	无分层破坏
抗冲击强度(kg/m²)		2.50	耐火等级	不燃

2.3.3 埃特尼特板

埃特尼特板是国内引进比利时"埃特尼特"公司的流浆法生产线生产的纤维增强水泥板制品而得名。

埃特尼特板是以水泥为主要原料,以石棉纤维为增强材料,并加入适量的纤维素和纤维分散剂,经打浆后,送至流浆法抄取机,经真空脱水、堆垛、蒸汽养护、空气养护而成。埃特尼特板的特性,参见本课题中的"石棉增强水泥板"。

埃特尼特板制品,目前尚无国家标准。

(1) 品种和规格

埃特尼特板按其功能可分为三种:不燃平板、墙板和防火板三个品种。用于吊顶的板为不燃平板,其规格尺寸为:

长度 610、1220、2440mm;

宽度 610、1220mm;

厚度 4、4.5、6、8、10、12mm。

(2) 性能

埃特尼特板的性能,参见表 2-35。

2.3.4 TK 板

TK 板是以抄取法制取的一种以低碱水泥、中碱玻璃纤维或短石棉纤维为主要原料纤维增强水泥技术。它以低碱水泥为主要原料,以中碱玻璃纤维或短石棉纤维为增强材料。经打浆、抄取、脱水、蒸汽养护、空气养护而成。TK 板除了其有本课题中"石棉增强水泥板"的特性之外,它还具有耐候性好,不易老化腐蚀的特点。

(1) 品种和规格

埃特尼特板的性能　　　　　表2-35

品　种	项　目		性能指标	备　注
不燃平板	密度(kg/m³)		≥1400	
	抗折强度(MPa)	横向	≥16	
		纵向	≥13	
	吸水率(%)		≤40	
	抗冻性，经25次冻融循环		无起层	
	不燃性		不燃材料	

TK板按其抗弯强度分为三种：100、150号和200号。其规格为：

长度：1220、1500、1800mm；

宽度：900～1200mm；

厚度：4、5、6、8mm。

(2) 性能

TK板的性能，参见表2-36。

TK板的性能　　　　　表2-36

项　目	性能指标		
	100号	150号	200号
横向抗弯强度(MPa)	>10.0	>15.0	>20.0
吸水率(%)	<32	<28	<28
抗冲击强度(kg/m²)	2.5		
耐火极限(min)	9.3～9.8		
导热系数，厚4mm[W/(m·K)]	0.581		

2.3.5　玻璃纤维增强水泥轻质板（GRC轻板）

玻璃纤维增强水泥轻质板（又称，GRC轻板）是一种重力密度低、高强、抗冲击强度高、耐水性好的新型建筑薄板材，可应用于组装复合墙体或吊顶。

玻璃纤维增强水泥轻质板具有较高的抗弯强度、抗冲击强度和良好的耐水性，而且不燃。此外，该种板材还具有良好的可加工性能（可钉、可锯、可用自攻螺钉紧固和可粘结）。

玻璃纤维增强水泥轻质板是以低碱度水泥、抗碱玻璃纤维和轻质无机填料为主要材料，采用短切喷切工艺制成。

(1) 品种和规格

玻璃纤维增强水泥轻质板按其用途分两种：墙体板和吊顶板。其规格为：

长度：1200、1800、2400、2700mm；

宽度：1200mm；

厚度：7、9、11mm。

(2) 性能

1) 尺寸偏差：玻璃纤维增强水泥轻质板的尺寸偏差要求，参见表2-37。

玻璃纤维增强水泥轻质板的尺寸偏差　　　　表 2-37

项　目	允　许　偏　差		
	优等品	一等品	合格品
长度、宽度(mm)	0 −2.0	0 −2.0	0 −3
厚度(mm)	±0.5	±1.0	±1.0
对角线(mm)	±3.0		±5.0
不平度(mm/m)	1.0	1.5	2
棱边不直度(mm/m)	1.0		1.5

2) 力学及物理性能：玻璃纤维增强水泥轻质板的力学及物理性能，参见表 2-38。

玻璃纤维增强水泥轻质板的力学及物理性能　　　　表 2-38

项　目	性　能　指　标	
	吊顶板	墙体板
抗弯强度(MPa)	≥5.0	≥6.0
抗冲击强度(kg/m²)	≥10.0	≥5.0
重力密度(g/m²)	≤1.2	
吸水率(%)	≤3.5	
干湿变形率(%)	≤0.15	

3) 外观质量：玻璃纤维增强水泥轻质板的外观质量是指表面裂纹、缺角和缺棱等要求，参见表 2-39。

玻璃纤维增强水泥轻质板的外观质量要求　　　　表 2-39

缺陷名称	优等品	一等品	合格品
裂纹	无	无	允许有，但长度 200mm 者，每平方米不超过 2 个
缺角	无	无	允许有，但边长不超过 20mm
缺棱	无	无	允许有，但宽度不超过 10mm

2.4　其他薄板材

应用于吊顶面层的薄板材除了近些年出现的纸面石膏板和纤维增强水泥板之外，还有诸如纤维增强硅酸钙板、纤维增强硬石膏压力板，以及以各种植物的茎、杆为基材，以水泥或合成树脂为粘结剂材料制成的各种薄板材。这些薄板材不仅仅是一种吊顶材料，在"节约能源、保护环境"方面更具有特殊的意义。

2.4.1　纤维增强硅酸钙板（硅钙板）

纤维增强硅酸钙板（简称，硅钙板），我国从 20 世纪 70 年代开始研发，目前主要生产以石棉或云母为增强材料的硅酸钙板。

纤维增强硅酸钙板是以硅质材料（主要为石英砂，也可掺少量粉煤灰）、钙质材料（主要为石灰、消石灰、电石渣或硅酸盐水泥等）为基材，以纤维材料（主要为石棉、耐碱玻璃纤维、纤维素纤维、有机合成纤维或云母等）为增强材料，以水玻璃、碳酸钠、氢氧化钠等碱性材料（主要是促进氢氧化钙和二氧化硅的化学反应）为助剂，加水经搅拌、成型、蒸压养护而成。纤维增强硅酸钙板的生产工艺主要有两种：抄取成型法和模压成型法。

该种板材具有轻质、高强、不燃、干湿变形小等良好的综合性能，良好的可加工性能（可钉、可锯、可刨、可钻和可粘结等），特别适用于复合墙体的墙面内、外面板，还可以用作吊顶面板，是一种很有发展前途的建筑用薄板材。

（1）品种

纤维增强硅酸钙板按其增强材料的不同可分为：石棉增强硅酸钙板、耐碱玻璃纤维增强硅酸钙板或云母增强硅酸钙板等。本课题只介绍纤维增强硅酸钙板的规格尺寸及其性能。

（2）规格尺寸

纤维增强硅酸钙板的规格尺寸如下：

长度：900、1200、1800mm。

宽度：900mm。

厚度：6、7、8、9、10、11、12mm。

（3）性能

纤维增强硅酸钙板的性能，参见表2-40。

纤维增强硅酸钙板的性能　　　　　　　表2-40

项　目	性能数据	项　目	性能数据
密度(kg/m^3)	900~1100	耐火极限(h)	1.0
抗折强度(MPa)	>7.5	导热系数[$W/(m·K)$]	0.18
抗冲击强度(kg/m^2)	>1.5	湿涨率,干燥-饱水(%)	0.035
抗冻性,-20℃冻融循环25次	无分层龟裂	干缩率,饱水-干燥(%)	0.03

2.4.2　纤维增强硬石膏压力板（AP板）

纤维增强硬石膏压力板（简称，AP板）是以天然硬石膏粉为基体材料，以纤维材料（如石棉、玻璃纤维、纤维素纤维或有机合成纤维等）为增强材料，掺加少量助剂（激发剂、防水剂等），并加水，经搅拌并采用圆网抄取成型法制成板坯，经辊压和自然养护而成。

纤维增强硬石膏压力板具有轻质、高强和可加工性能好的特点，该种板材的生产工艺较纤维增强水泥板简单，无须蒸汽养护，因而节约能耗，是一种有发展前途的墙体用薄板材。

纤维增强硬石膏压力板具有重力密度小、强度高、干湿变形小的特性，而且还具有良好的可加工性能（可钉、可锯、可刨、可钻和可粘结）等，可用作吊顶板材。

（1）品种

纤维增强硬石膏压力板（AP板）的品种：

1）按其标号可分为两种：15号板和25号板。

2）按其耐水性能可分为两种：Ⅰ类板和Ⅱ类板。

(2) 规格尺寸

纤维增强硬石膏压力板的规格尺寸为：

长度：1800mm。

宽度：800mm。

厚度：3、5、6、8mm。

(3) 物理力学性能

纤维增强硬石膏压力板的物理力学性能，参见表2-41。

纤维增强硬石膏压力板的物理力学性能 表2-41

项目			指标	
			Ⅰ类板	Ⅱ类板
抗折强度 (MPa)	15号	垂直纤维方向	≥18.0	
		平行纤维方向	≥14.0	
	25号	垂直纤维方向	≥29.0	
		平等纤维方向	≥21.0	
抗冲击强度(kg/m^2)			>2.4×10^3	
吸水率(%)			≤22	≤27
抗渗性			无滴珠	无要求
翘曲变形(mm)			≤6	≤8
抗冻性，经25次冻融循环			抗折强度不损失，且无分层、开裂、脱落现象	

2.4.3 水泥木屑板

水泥木屑板是以水泥为胶凝材料，以木材加工的下脚料（木屑、木丝、刨花等）为加筋材料，并加入少量的化学助剂（起封闭加筋材料的吸水孔道的作用），加水经过搅拌、成型、加压、养护而成的建筑用薄板材。该种板材具有重力密度小、较好的力学性能和可加工性能，而且不霉、不蛀等良好性能。

水泥木屑板是一种利用木材加工余料和普通水泥为主要原料的制品，这无疑对节约能源充分利用资源具有十分重要的意义。水泥木屑板具有重力密度小、防水、防火、防腐和足够的力学强度，并有良好的可加工性能（可钉、可锯、可刨、可用自攻螺钉紧固和可粘结）。

(1) 规格尺寸和标记方法

1) 尺寸规格

长度：1800～3600mm；

宽度：600～1200mm；

厚度：4、6、8、10、12、16、20、24、28、32、36mm和40mm。

2) 标记方法

标记顺序：产品名称、几何尺寸、等级和标准号。

标记示例：长为3000mm、宽为900mm、厚为12mm的一等品水泥木屑板的标注方法为：水泥木屑板：3000mm×900mm×12B。

(2) 物理力学性能

水泥木屑板的物理力学性能，参见表2-42。

水泥木屑板的物理力学性能   表2-42

项 目	优等品	一等品	合格品
密度(kg/m³)	≤1250		≤1300
抗拉强度,垂直平面(MPa)	≥0.5	≥0.4	≥0.3
抗折弹性模量(MPa)	≥3000		
抗折强度(MPa)	≥11.0	≥9.0	≥8.0
抗折强度,浸水24h(MPa)	≥6.5	≥5.5	≥5.0
厚度膨胀,浸水24h(%)	≤1.5		≤2.0
抗冻性	冻后强度损失≤20%		
含水率(%)	≤12		
防火性能	难燃		

2.4.4 刨花板

刨花板是以木材的刨花或碎木粒为主要原料,以合成树脂(主要为脲醛树脂)为胶结材料,经过搅拌、成型、热压固化而成。该种制品轻质、有足够的强度和良好的可加工性能,是一种常见的建筑用薄板材。

刨花板具有轻质和足够的强度,以及良好的可加工性能(可钉、可锯、可刨、可粘结、可钻等),适用于室内吊顶板。

(1) 规格

长度:1220、1830、2440mm;

宽度:915、1220mm;

厚度:6、8、10、13、16、19、22、25、30mm。

(2) 物理力学性能

刨花板的物理力学性能要求,参见表2-43。

刨花板的物理力学性能   表2-43

项 目	性 能 指 标		挤压板
	平压板		
	一级品	二级品	
绝干密度(kg/m³)	450~750		
绝对含水率(%)	9±4		
静曲强度(MPa)	>18	>15	>10
平面抗拉强度(MPa)	>0.4	>0.3	—
吸水厚度膨胀率(%)	<6	<10	—
翘曲度,1000mm对角线(mm)	≤5	≤10	—

2.4.5 稻壳板

稻壳板是以稻壳为主要原料,以合成树脂为胶结材料,经搅拌、铺料、加压热固化而成。该种板材具有轻质、足够的强度和良好的可加工性能,是我国近年来开发出的一种利用农业废弃物制成的建筑用薄板材。我国是一个农业大国,该种板材的生产和应用无疑对节约能源、保护环境具有重大意义。

稻壳板具有轻质、保温、隔声和一定的力学性能。其可加工性能好（可钉、可锯、可钻、可粘等）。

(1) 规格

长度：2400mm；

宽度：1220mm；

厚度：6～35mm。

(2) 物理力学性能

稻壳板的物理力学性能要求，参见表2-44。

稻壳板的物理力学性能　　　　表2-44

项 目	性能数据	项 目	性能数据
密度(kg/m³)	700～800	握钉力(MPa)	5.35～9.74
静曲强度(MPa)	10.3～13.0	导热系数[W/(m·K)]	0.134～0.155
抗冲击强度(kg/cm²)	4.9～5.6	含水率(%)	4.7～7
平面抗拉强度(MPa)	0.4	厚度膨胀率,浸水24h(%)	4.6～6.8

(3) 质量要求：稻壳板的外观质量要求不得有分层、鼓泡。

2.4.6　蔗渣板

蔗渣板是国内近几年才出现的一种利用甘蔗榨糖后的残渣制成的新型建筑板材。该种板材的性能与硬质纤维板、刨花板相近，它与上述两种板材不同之处在于，在制蔗渣板过程中，可以不必加入胶粘材料，而是利用蔗渣中残余的原糖在催化剂和高温条件下，转化成呋喃树脂，来起到胶粘剂的作用。该种板材可以用于吊顶板材，蔗渣板具有类似硬质纤维板和刨花板的性能，可加工性能好。

(1) 规格

长度：2000mm；

宽度：1000mm；

厚度：6、8、10mm。

(2) 物理力学性能

蔗渣板的物理力学性能，参见表2-45。

蔗渣板的物理力学性能　　　　表2-45

项 目	性能数据	项 目	性能数据
密度(kg/m³)	800～850	含水率(%)	6±2
静曲强度(MPa)	15.0～19.0	吸水厚度膨胀度(%)	<8
平面抗拉强度(MPa)	0.4～0.5		

2.4.7　麻屑板

麻屑板是一种以植物亚麻茎杆为主要原料，以合成树脂（脲醛树脂或酚醛树脂）为胶结材料，并加入适量防水剂、固化剂等助剂经热压固化而成。该种板材和其他植物类板材（如蔗渣板、刨花板等）一样，具有轻质、较好的物理力学性能和良好的可加工性能，可用作复合墙体的墙面板和吊顶板。

(1) 规格

长度：2000mm；

宽度：1000mm；

厚度：6～16mm。

(2) 物理力学性能

麻屑板的物理力学性能，参见表2-46。

麻屑板的物理力学性能　　　　　　　　　表2-46

项　目	性能数据	项　目	性能数据
密度(kg/m³)	687	握钉力(MPa)	5.59
含水率(%)	10.78	厚度膨胀率,浸水4h(%)	3.2
静曲强度(MPa)	18.32	导热系数[W/(m·K)]	0.133
平面抗拉强度(MPa)	1.2	吸水率,浸水24h(%)	14.5

2.4.8 竹篾层压板

竹篾层压板是一种新型建筑用薄板材。竹篾层压板具有轻质、高强、耐水的性能，以及良好的可加工性能（可钉、可锯、可刨、可钻和可粘性）和独特的装饰性。

竹篾层压板是利用竹篾纵向（顺竹纤维方向）具有较高的抗拉强度，而横向较差的特点，将竹篾先编成席，以克服其各向异性的缺点，再以脲醛树脂或酚醛树脂为胶结材料，经铺层、热压固化、裁切而成。特别是由于竹篾可以染色，以各色竹篾编成各种图案置于板的表层，可以制成各种图案的竹篾板，风格独特，为竹子在建材方面的应用开拓出一条新路。

竹篾层压板可用作吊顶板材，以及装修、制作家具。

(1) 规格

长度：2000mm；

宽度：1000mm；

厚度：6、8、10mm。

(2) 物理力学性能

竹篾层压板的物理力学性能，参见表2-47。

竹篾层压板的物理力学性能　　　　　　　　　表2-47

项　目	性能数据	项　目	性能数据
密度(kg/m³)	800～850	含水率(%)	6±2
静曲强度(MPa)	15.0～19.0	吸水厚度膨胀率(%)	<8
平面抗拉强度(MPa)	0.4～0.5		

2.5 无机装饰纤维板

近几年来，我国的吊顶材料发展较快，其中以吊顶板材尤甚。在众多的吊顶板材中无机纤维板材主要是装饰吸声矿物棉板和装饰吸声玻璃棉板以其独特的性能而占据重要一席。

无机纤维装饰板具有重量轻、耐火、保温、隔热、吸声性能好的特点，而且可加工性能好（可切、可锯、可钉、可粘结等）。由于轻质，故对于只需承受吊顶本身自重荷载的吊顶工程来说，可以单独采用横截面积较小的吊顶龙骨材料（如，T形、H形轻钢龙骨，T形、Y形、Ω形铝合金龙骨）中的一种来组装成吊顶龙骨骨架，从而节省了大量材料，降低了工程造价。

基于以上特点，这类无机纤维装饰板被广泛地应用于医院、图书馆、展览馆、客房等各种室内吊顶工程中。

下面将主要介绍装饰吸声矿物棉板和装饰吸声玻璃棉板这两种无机纤维板材。

2.5.1 装饰吸声矿物棉板

装饰吸声矿物棉板的密度较小，由于成型方法的不同，其密度一般在 $500kg/m^3$ 以下（干法成型板材的密度比湿法成型的密度小）；其导热系数小，一般在 $0.04[W/(m·K)]$ 左右，所以保温、隔热性能尤佳；其难燃性能属于难燃一级；其吸声率一般为 $0.4\sim0.6$ 左右。

在吊顶工程中采用该类板材既可以做成明龙骨吊顶（板材搭装于吊顶龙骨两翼），也可以做成暗龙骨吊顶（板材四边制成槽、榫来嵌装于吊顶龙骨两翼）。该类吊顶板材的表面可以喷（或刷）各色涂料或粘贴各种装饰薄膜而成为具有各种色泽的板材，也可以在喷（或刷）涂料后再经压制而成具有各种立体图案的板材，效果美观、大方、典雅。同时又因其质轻，故可以贴覆于旧吊顶上来使吊顶翻新。所以说，该类吊顶板材是一种非常有推广价值的吊顶板材。

装饰吸声矿物棉板的成型工艺有两种：干法成型和湿法成型。目前，该种板材以湿法成型工艺生产的居多数。

(1) 品种

装饰吸声矿物棉板按其正面有无图案可分为两种：压花吸声装饰矿物棉板和普通吸声装饰矿物棉板。

装饰吸声矿物棉板按其周边有无装饰槽、榫可分为四种：齐边装饰吸声矿物棉板、楔边装饰吸声矿物棉板、有槽装饰吸声矿物棉板和裁口装饰吸声矿物棉板。

(2) 规格

装饰吸声矿物棉板的幅面一般有：$300mm×600mm$、$600mm×600mm$、$600mm×1200mm$ 等数种。其厚度一般有：9、12、15mm 三种。

(3) 等级

装饰吸声矿物棉板分为优等品、一等品、合格品。

2.5.2 装饰吸声玻璃棉板

我国自1987年从国外引进了整套设备和技术生产高品质的玻璃棉制品。其密度为 $10\sim96kg/m^3$，可以被广泛应用于吸声、保温等工程中，其中密度为 $48kg/m^3$ 的玻璃棉板则较多地应用于建筑室内吊顶工程，属于不燃材料。

装饰吸声玻璃棉板是目前国内最轻的吊顶板材，其密度为 $48kg/m^3$，规格为 $600mm×1200mm×20mm$ 的板材，单板仅重1kg。与装饰吸声矿物棉板相比较，其吸声效果更佳，一般在 0.7 左右。

这类棉板不足的是周边部分不能开槽榫，不可以做成暗龙骨吊顶，只能做成明龙骨吊顶。因其质量小，不适于应用在空气流通量大的室内吊顶工程中。

(1) 品种

装饰吸声玻璃棉板按其所采用的玻璃棉基材的密度来分可分为：48、64、80、96kg/m³等数种。

装饰吸声玻璃棉板按其表面所复合的PVC薄膜的花色分为数种。

(2) 规格

长度尺寸：600、900、1200mm；

宽度尺寸：600mm；

厚度尺寸：15、20、25mm。

2.6 金属装饰板

金属装饰板是以不锈钢板、防锈铝板、电化铝板、镀锌钢板等为基材，经特殊加工处理而成，具有质轻、强度高、耐高温、耐腐蚀、防火、防潮、化学稳定性好等特点。目前，市场上采用的金属装饰板与铝合金板和不锈钢板较多，按使用要求分为不开孔和开孔吸声板和装饰板。开孔板的孔形有圆孔、方孔、长圆孔、长方孔、三角孔等。

金属装饰板按其形状分为方形、条形和格片形三种。

2.6.1 铝合金罩面板

铝合金罩面板是以铝合金箔板经冲压成型，并做表面处理（目前用得较多是阴极氧化膜及漆膜）而成。常用的色彩有古铜色、金色、黑色、银白色等。

形状与规格：铝合金罩面板的形状有长条形板、方形板及圆形板。条形板的断面形式，常见的有六种，其长度多为6m内，厚度在0.5～1.5mm之间。

2.6.2 金属微孔吸声板

金属微孔吸声板是根据声学原理，利用不同穿孔率的金属板来达到消除噪声的目的。具有造型美观、立体感强等特点。可用于宾馆、机场、饭店、影剧院、播音室、计算机机房等公共建筑和中高级民用建筑改善音质控制，也可用于各类车间、机房、人防地下室等做降噪措施。

金属微孔吸声板由防腐铝合金或电化铝板制成，厚度1mm，规格500mm×500mm、1000mm×1000mm，孔径ϕ6mm，孔距10mm，降噪效果好。

2.6.3 铝合金复层吸声饰面板

此板是根据噪声治理的新趋势，按消声设计的要求研制成的铝合金穿孔吊顶饰面板。其性能指标见表2-48。

铝合金穿孔饰面板的性能　　　表2-48

项目	单位	指标	项目	单位	指标
穿孔率	%	28	抗拉强度	MPa	98
重量	kg/m²	2.17	延伸率	%	5

在铝合金穿孔饰面板上，复合一层由直径3～4μm（微米）的玻璃纤维吸声层。此吸声层是以玻璃细纤维与树脂粘结剂制成的玻璃纤维板。这样，既可以发挥铝合金的强度高、质轻、耐火、耐大气腐蚀等性能，又可进行着色处理，制成色彩鲜艳的顶面装饰板。

而内层的玻璃纤维，吸声性高，且防火、耐蚀、质轻。将二者加以复合制成的铝合金复层吸声饰面板，是高级的顶面装饰材料，可供高层建筑、宾馆、礼堂等室内吊顶装饰时选用。

玻璃纤维板的吸声性能，见表 2-49。

玻璃纤维板的吸声性能   表 2-49

密度（kg/m³）	250～4000Hz 的吸声因数		
	板厚 3cm	板厚 5cm	板厚 10cm
15		0.24～0.98	0.85～0.97
20		0.35～0.86	0.6～0.85
40～60	0.69～0.93		

铝合金复层吸声饰面板的产品规格为：
长度：600～1200mm；
宽度：300～600mm；
厚度：15、20、25、30、35、40mm。

2.6.4 铝合金单体构件

开敞式吊顶的单体构件造型花样繁多，但是制作单体构件的材料大部分是木材、塑料、金属等材料。尤其是金属材料中的铝合金材料，因其具有重量轻、容易加工成型防火的优点，故应用较多。参见第 2 单元课题 4 中有关构造。

2.7 其他饰面材料

2.7.1 膨胀珍珠岩装饰吸声板

膨胀珍珠岩装饰吸声板是一种轻质、耐火和吸声性能良好的装饰板材，而且价格低廉。该种板材制作简单，板面可根据需要来喷（或涂）各种颜色，通常被用于较低档的室内吊顶工程中，与 T 形龙骨组装成明龙骨吊顶。

膨胀珍珠岩装饰吸声板具有重量轻（一般为 500kg/m³ 左右）的性能。由于其制作所需原料均系无机材料，故具有优异的耐火性能，还具有良好的吸声性能（吸声系数为 0.5 左右），所以特别适用于噪声较大的建筑室内吊顶。

膨胀珍珠岩装饰吸声板是由密度≤80kg/m³ 的膨胀珍珠岩为骨料，并加入无机胶凝材料及外加剂，经过搅拌、成型、干燥而成。

（1）品种

膨胀珍珠岩装饰吸声板按其防水性能可分为两种：普通板（代号：PB）和防水板（代号：FB）。

（2）规格

膨胀珍珠岩装饰吸声板的规格，长×宽 400mm×400mm、500mm×500mm、600mm×600mm，厚度 15、17、20mm。

（3）标记方法

标记顺序：产品名称、板材代号、板材边长及标准号。

标记示例：边长为 500mm×500mm，厚度为 15mm 的防水膨胀珍珠岩装饰吸声板的标记方法为：防水膨胀珍珠岩装饰吸声板 FB500-17 JC 430。

(4) 等级

膨胀珍珠岩装饰吸声板分为优等品、一等品、合格品。

2.7.2 石膏纤维板

它是以石膏为主要原料，掺加增强材料纤维、缓凝剂、防水剂、粘结剂、改性剂等，经搅拌、成型、干燥、修整等工序而制成。

石膏纤维板有平板、图案浮雕板等不同品种，它具有质轻、阻燃、不老化及二次加工性能好等特点，可锯、可刨、粘结或螺钉固定皆可，安装施工方便，适宜会议室或宾馆、饭店、剧院、车站等室内顶面装饰时选用。

石膏纤维板采用胶粘固定时，常用405粘结剂，将装饰板粘贴在基层上即可。

石膏纤维板的规格及性能见表2-50。

石膏纤维板产品规格及性能 表2-50

规格 (mm)	性能指标						
	密度 (kg/m³)	断裂荷载 (N)	挠度 (mm)	软化系数	导热系数 [W/(m·K)]	防水性能	耐热度 (℃)
300×300×9 500×500×9 600×600×11 900×900×(12~20)	750~800	>200	相对湿度 95%跨距 580mm变形 挠度1	>0.22	<0.17	24小时 <2.5	1200 — — 1300
300×300×9 400×400×9 500×500×9 600×600×9	<1000	200~280	相对湿度 92%跨距 580mm变形 挠度0.5	>0.80	0.15	24小时 <2.5	1150 — — 1320
500×500×10	<900	>180	—		<5	—	—

2.7.3 钙塑泡沫饰面板

钙塑泡沫板是以聚乙烯树脂为主料，再掺加润滑剂、发泡剂、交联剂、填料、颜料等，经过搅拌、混炼、拉片、模压、发泡、成型等加工制成。表面有各种浮雕的花纹图案或穿孔图案，品种有普通型及难燃型两类。其规格及性能，见表2-51。

钙塑泡沫饰面板具有耐水、质轻、造型美观、立体感强、可锯、可刨，二次加工性好，安装施工方便等特点。适合于会议室、礼堂、影剧院、商场等室内顶面装饰时选用。

其安装固定方法，可用胶结固定法。

粘结剂使用：氯丁橡胶胶料：聚异氰酸酯胶料＝10：1 配合使用。要求混凝土顶面或粉刷顶面的基层平整，清扫灰尘后，用漆板刷将胶结液刷在基层面及板的背面，片刻之后紧贴上去，压实粘牢即可。

2.7.4 聚氯乙烯塑料顶棚

它是由聚氯乙烯树脂、增塑剂、稳定剂、颜料等，经捏合、混炼、压延、真空成型等加工而成的各种浮雕图案的顶面装饰材料。其特点是质轻、防潮、难燃、隔热，并且可锯、可钉，易于进行两次加工，适合于会议室、礼堂、商店、住宅等处的室内装饰时选用。

规格品种：颜色：乳白、米黄、湖蓝；

钙塑泡沫饰面板的产品规格、性能　　　　　　　表 2-51

性能指标	规格(mm)			
	一般板		难燃板	
	500×500	500×500	500×500×6	500×500×5
密度(kg/m³)	≤250	≤300	≤250	≤300
吸水性(kg/m²)	≤0.05	≤0.01	≤0.05	≤0.04
耐温性(℃)	-30~60	-30~80	-50~60	-30~60
抗压强度(MPa)	≥0.6	≥0.35	≥0.6	≥0.7
拉伸强度(MPa)	≥0.8	≥1.0	≥0.8	≥0.9
断裂伸长率(%)	≥50	≥60	≥50	≥50
导热系数[W/(m·K)]	0.074	0.081	0.074	0.075
线收缩(%)	≤0.8	≤0.5	≤0.8	≤0.75
氧指数	>20	—	—	—
自熄性(秒)	—	离火<25	—	—

图案：格花、拼花、云龙、熊竹；

规格：500mm×500mm×(0.4~0.6)mm；

基本性能

抗拉强度：28N/mm²；

吸水性：≤0.2；

耐热性：60℃不变形；

导热系数：0.174 [W/(m·K)]。

2.7.5　水玻璃珍珠岩隔热板

它是以水玻璃为粘结剂，膨胀珍珠岩为主料，按一定比例配合，经拌合、压制、成型、烘干而制成。由于膨胀珍珠岩的多孔性及粘结剂的脱水，造成这种板材内部有大量的微孔，因而具有较好的隔热性能。

该产品可锯、可切、可钻，安装施工方便。其产品的规格尺寸及不同温度下的导热系数，见表 2-52。

水玻璃珍珠岩隔热板的规格及导热性能　　　　　　　表 2-52

规格(mm)	试样平均温度(℃)	导热系数[W/(m·K)]
长：500 宽：250 厚：60、80、100	25	0.061725
	75	0.069575
	150	0.081350
	225	0.093125
	300	0.104900
	400	0.120600

水玻璃珍珠岩隔热板的物理性能见表 2-53。

2.7.6　硬质泡沫塑料隔热板

泡沫塑料是高分于化合物，亦称高聚合物。其分于结构可分为线形、网状与体形三种

水玻璃珍珠岩隔热板的物理性能　　　　　　　　　　表 2-53

项　目	单　位	数　值	项　目	单　位	数　值
密度	kg/m³	＜220	吸水率(24h吸水)	％	130～180
抗压强度	MPa	0.40	吸湿率(相对湿度90％,24h)	％	22
使用温度	℃	0～650	软化系数	％	0.60

结构式。线形结构是由许多分子联成的卷曲状长链；线形链之间再相互交联，就形成网状结构，如果再进一步交联，就形成体形结构。塑料的种类很多，按其受热后的性能，可分为热塑性与热固性两大类。塑料受热即软化，冷后变硬，再受热又软化的称热塑性塑料；体形结构的塑料经硬化就不能再软化，只能塑制一次的称热塑性硬质塑料。例如，环氧树脂、酚醛树脂等。

硬质泡沫塑料隔热板是由多元醇化合物聚醚树脂，或是聚氨酯和多异氢酸醋加入助剂，经过聚合发泡而成的有机合成材料。它是具有质量轻（密度甚小）、绝热性能好，成型工艺简单的优良隔热板材。由聚氨基甲酸醋为主料制成的硬质泡沫塑料隔热板的性能指标，见表 2-54。

硬质泡沫塑料隔热板的使用性能　　　　　　　　　　表 2-54

项　目	单　位	指　标	项　目	单　位	指　标
密度	kg/m³	＜50	耐火性能		可燃
导热系数(温度278±5K)	[W/(m·K)]	＜0.025	耐腐蚀性能		良好
使用温度	℃	－60～120			

2.7.7　玻璃棉隔热板

玻璃棉的纤维较短，一般在 20～150mm，组织结构蓬松，形态类似棉絮，是玻璃纤维的一个类别。其生产方法主要有火焰喷吹法、离心喷吹法及蒸汽喷吹法等。它们都是将熔融的玻璃液，用火焰、热气流或用快速旋转的离心器，制成细纤维。然后，再以酚醛树脂为粘结剂，经拌匀粘合、加压、烘干而制成板状饰面材料。

玻璃棉隔热板具有质轻、隔热、耐火、耐腐蚀、防辐射等特性。适宜做墙体隔热及装饰保温顶棚时选用。其产品的规格及性能，见表 2-55。

玻璃棉隔热板的产品规格及性能　　　　　　　　　　表 2-55

规格(mm)	项　目	单　位	数　值
长：900～1000 宽：605～900 厚：15、25、40、50	密度	kg/m³	40～50
	使用温度	℃	0～300
	渣球含量	％	＜2
	粘结剂含量	％	6～8

玻璃棉隔热板，根据不同用途还可制成防水、硬面及防辐射等多种类型的板材。安装施工较为方便。

玻璃棉隔热板的导热系数与其内部有空隙的特征有关。因为分散密闭的孔隙内含有大量空气，而空气的导热系数最小，为 0.023[W/(m·K)]，它的导热系数是水的 1/25，而且比木材及钢、砖低很多。

2.7.8 JZ-1型珍珠岩吸声装饰板

此板系将膨胀珍珠岩与聚合物粘结剂,以一定量的比例混合、搅拌、装模、压制成型,并经烘干、切割、整修而制成单板。其产品的规格及性能,见表2-56。

珍珠岩吸声装饰板的规格及性能 表2-56

规格(mm)	项　目	单　位	指　标
长:500 宽:500 厚:20	密度	kg/m³	≤300
	整体破坏强度	MPa	≥1.2
	耐火性能		不燃
	衰减系数	%	0.5
	吸声因数	背面无腔:250~8000Hz;0.29~0.91 背面有腔:250~8000Hz;0.87~0.97	

当压制成型后,经穿孔、烘干、切割、整修等可制成穿孔面板。此产品的规格尺寸及性能,见表2-57。

穿孔珍珠岩吸声装饰板的规格及性能 表2-57

规格(mm)	项　目	单　位	指　标
长:500 宽:500 厚:15	密度	kg/m³	≤350
	抗折强度	MPa	≥1.0
	软化系数	%	≥0.6
	吸湿率(28d)	%	<1
	吸声因数	无腔:250~8000Hz;0.06~0.74 有腔:5cm,250~8000Hz;0.06~0.74 有腔:10cm,250~8000Hz;0.08~0.76	

为了解决单层结构的吸声、强度、装饰之间的矛盾,可采用双层复合结构。即表面用压缩比较大,强度较高的穿孔面板,内面复合压缩比较小、吸声较强的吸声层,从而制成复合式JZ-1型珍珠岩装饰吸声板。其吸声因数,见表2-58。

JZ-1型珍珠岩吸声装饰板的吸声性能 表2-58

吸声因数	1.5cm面板+2cm吸声层	吸声因数	有腔:5cm,125~8000Hz,0.15~0.91
	无腔:125~8000Hz,0.11~0.90		有腔:10cm,125~8000Hz,0.28~0.97

2.7.9 彩光石膏饰面板

这种饰面板是以石膏装饰板为基板,喷涂以彩色荧光色浆,经自然干结、常温固化而制成。当其受光激发,电子从高能态向低能态释放,可发射出可见荧光,即呈现光致发光或光致变色的彩光石膏装饰板。彩光石膏饰面板的规格及主要性能,见表2-59。

彩光石膏板使用的发光材料有两类。长余辉发光材料为 ZnS·Cu、ZnCdS·Cu(光致蓄光材料),短余辉发光材料为光致变色荧光染料。其中,荧光染料的光致变色情况,见表2-60。

彩光石膏饰面板的规格及性能 表 2-59

规格(mm)	项 目	性 能 指 标
长:500、600 宽:500、600 厚:9.11	重量(kg/m²) 含水率(%) 抗折强度(MPa) 断裂载荷(N) 耐水性能(h) 发光余晖 彩光光谱(μm) 放射性水平 (Mr) (MPa)	8~8.5 0.1~0.3 2.0~3.5 230 浸水 48h,荧光栅、发光彩色不变 光余辉≥4h;短余辉 10⁻² 200~400 0.22 0.11 均低于规范标准

荧光染料及其光致变色性 表 2-60

染料名称	体 色	发光色	染料名称	体 色	发光色
曙红(四溴荧光红)	红	黄-橙	罗丹明 6B	红	黄-橙
碱式苯偶氮-2-2 苯胺	绿黄	绿黄-黄	罗丹明 B	粉红	橙-红
煌绿	黄	绿-黄绿	增白剂 VBL	无色	红

彩光的发光亮度是随荧光材料在发光色浆中的掺比量增大而加强的。它是以 PVA 缩醛胶为色浆基液,其浓度为 9.8%,使用温度>10℃,再掺入发光材料等。色浆的配方见表 2-61。

荧光色浆的配方组成 表 2-61

色浆配方材料	配 比	备 注	色浆配方材料	配 比	备 注
PVA 缩醛胶	1.0	使用温度>10℃	水	1.0	
荧光染料	1.1		胶	2.5	预计使用时数 12h
光致蓄光材料	0.9		VBL 增白剂	0.01	

对荧光染料中的粉料颗粒度,要求粒度均匀,一般为 0.7μm 左右。

配制好的荧光色浆,在基板面上涂刷一至两次,也可套色涂刷,经自然干固后即可制成彩光石膏装饰板。

彩光石膏板的萤火强度与 UVA 光源的紫外线灯的发光强度很接近,在 0.5~3.0m 距离,长发光余辉可达 4h 之久。因此,可供商店、宾馆、车站等夜间服务处的饰面装修时选用。

课题 3 吊顶施工机具

随着对室内装饰工程的质量、效率的要求越来越高,充分运用装饰机具进行施工成了装饰工程不可缺少的手段。可以说,传统的通过纯手工作业完成的装饰工程已经绝大部分被各种装饰机具所代替。

吊顶施工机具按用途可分为:锯、刨、钻、磨、钉五大类。对一些特殊施工工艺,还需有专用机具和一些非电动的小型机具配合。

3.1 切割工具

3.1.1 电动圆锯

(1) 主要性能和规格

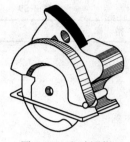

图 2-11 电动圆据

便携式电动圆锯（图 2-11）主要用于锯割木夹板、木方条、装饰板等材料。它具有自重轻、操作灵活等特点，是装饰施工机具中最常用的。常用规格有 7、8、9、10、12、14（单位英寸）几种。生产厂家主要有国内及日本、德国等。主要技术性能见表 2-62。

(2) 使用要点及维护保养

1) 使用要点：使用时双手握稳电锯，开动手柄上的按钮，让其空转至正常转速，再进行锯切。

常见电动圆锯主要技术性能　　　　　　　表 2-62

型　号	锯片尺寸(mm)	最大锯深(mm)	输入功率(W)	空载转速(r/min)	质　量(kg)	厂家及品牌
国 M1Y-200	200×25×1.2	65	1100	5400	6.8	上海
国 M1Y-160	160×20×1.4	55	800	4000	2.4	上海
PKS54	160（直径）	54	900	5000	3.6	德国博世
GKS85S	230（直径）	85	1700	4000	3.6	德国博世
5600NB	160（直径）	55	800	4000	3.0	日本
5900B	235（直径）	84	1750	41000	7.0	日本

切割不同的材料，应选用不同的锯片，对于木质材料，最好选用细齿锯片。切割前，应在被切割件上用铅笔作出切割线，按切割位置下锯。切割过程中，应注意方向的稳定，否则因改变方向可能产生卡锯、阻塞，甚至损坏锯片的现象。为使工件在切割时不易滑动，施工时常将电动圆锯反装在木制操作台下，并使圆锯片从操作台的开槽处伸出台面，方便用手工操作，以切割常用的木夹板或木方条。锯割完成后，锯片转动未完全停下来时，人手不得靠近锯片。

2) 维护保养：手提式圆锯由电机、锯片、锯片高度定位装置和防护装置组成。使用过程中，注意经常更换锯片，保持锯片锋利，以提高工作效率和避免钝锯片长时间摩擦过热，生产危险及损害机具。切割时应避开电缆，防止锯伤造成漏电断路。

电动圆锯的生产厂家较多，应按照产品使用说明书规定的维修程序进行保修工作。

3.1.2 电动线锯机

电动线锯机亦称为直锯机，其齿形切削刀刃向上，工作时做上下往复运动，如图 2-12 所示。

(1) 主要性能和规格

电动线锯机的主要作用是做板上开孔、开槽等电动圆锯难以完成的工作。同时，也可做直线或曲线锯割，并利用导板的一定倾斜度在木料上锯出斜面。

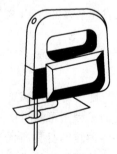

图 2-12 电动线锯机

目前，较多采用的有日本和德国产的电动线锯机。其常用功率为 350W 左右，锯条有 60mm×8mm、80mm×8mm、100mm×8mm 三种，锯齿亦分为粗、中、细三种。常见电动线锯机主要技术性能见表 2-63。

(2) 使用要点

常见电动线锯机主要技术性能（德国博世牌）　　　表 2-63

型　号	切割厚度(mm)		输入功率(W)	空载转速(r/min)	质量(kg)
	木材	钢材			
PST33A	53	3	300	2700	1.5
PST54PE	54	5	380	500～3000	1.9
PST800PAC	80	8	550	300～3000	2.4
PST54/54E	54	3	350	3000	1.7
CST60PB	60	10	550	3100	2.5
CST60PBE	60	10	550	550～3100	2.5

使用时应握紧机具，按预先画好的切割线匀速前进。不可左右晃动，否则会折断锯条，损坏工件。

3.1.3　电动刨

(1) 主要性能和规格

手提式电动刨简称为手电刨，是用于刨削木材表面的专用工具，其工作效率是手工刨的 10 倍以上，且保证质量，因而广泛应用于木装饰作业，尤其是实木结构中，如图 2-13 所示。

常用的电动刨功率为 580W 左右。施工中可根据工件大小的不同和加工要求的不同选用刨削宽度及刨削厚度不等的电动刨。部分国产及进口电动刨的技术性能，见表 2-64。

(2) 使用要点及维护保养

1) 使用前应检查电刨的各构件完好及电绝缘情况，确保没有问题后，调节好所需的刨切深度，开始进行工作。

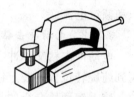

图 2-13　电动刨

电动刨性能表　　　表 2-64

型　号	刨削宽度(mm)	最大刨削厚度(mm)	额定电压(V)	额定功率(W)	转速(r/min)	质量(kg)	备注
国 M1B-60/1	60	1	220	430	79000		国产
国 M1B-90/2	90	2	220	670	77000		国产
国 M1B-80/2	80	2	220	480	7400	2.8	国产
1100	82	3		750	16000	4.9	日本
1901	82	1		580	16000	2.5	日本
1900B	82	1		580	16000	2.5	日本
1923B	82	1		600	16000	2.9	日本
1911B	110	2		840	16000	4.2	日本
1804N	136	3		960	16000	7.8	日本

注：刨削量可通过电刨上部进行调节。

2) 操作时双手前后握刨，推刨时平稳地匀速向前移动，至工件尽头时应将刨身提起，以免损坏刨好的工作表面。同时，可将电刨的底板稍作改装，即可加工出一定的凹凸弧面。

3) 刀片用钝后应卸下重磨或更换。
4) 每次使用后按产品说明书及时进行保养及维修，以延长工具的使用寿命。

3.2 钻孔机具

各种规格的电钻，是装饰工程中开孔、钻孔、固定的理想电动工具。目前，装饰施工中主要采用的各种手提式钻孔工具，基本上分为微型电钻和电动冲击钻，常用的电锤与电动螺钉旋具也属于此类机具。

3.2.1 微型电钻

它是用来对金属、木材、塑料或其他类似材料及工件进行钻孔的电动工具（图 2-14）。

微型电钻由电动机、传动机械、壳体、钻头夹等部件组成。钻头夹装在钻头或圆锥套筒内，13mm 以下的采用钻头夹，13mm 以上的采用莫氏锥套筒。为适应不同钻削特性，有单速、双速、四速和无级调速电钻。

操作注意事项：

1) 电钻应符合标准规定要求。能在下列环境条件下额定运行：空气最高温度 35～40℃，最低温度 -10℃，相对湿度为 40％（25℃）。

2) 电钻的最初启动电流与额定电流比应不超过 6 倍，容差 $+20$％。

3) 电钻用的钻夹头应符合标准，开关的额定电压和额定电流不能低于电钻的额定电压和额定电流。

3.2.2 电动冲击钻

电动冲击钻又称冲击电钻（图 2-15），是可调节式旋转带冲击的特种电钻。当把旋钮调到纯旋转位置，装上钻头，就像普通电钻一样可对钢制品进行钻孔，如把旋钮调到冲击位，装上镶硬质合金的冲击钻头，就可对混凝土、砖墙进行钻孔。它是单相串激电动机（交直流两用）。

3.2.3 电锤

电锤又叫冲击电锤，兼备冲击和旋转两种功能，应用范围较广，可用于铝合金门窗、铝合金吊顶以及饰面石材安装工程，使用硬质合金钻头，在砖石、混凝土上打孔时，钻头旋转兼冲击，操作者无需加压力。可用在混凝土地面打孔，以膨胀螺栓代替普通地脚螺栓，安装各种设备，如图 2-16 所示。

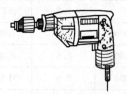
图 2-14 微型电钻

图 2-15 电动冲击钻
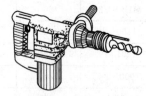
图 2-16 电锤

3.3 其他工具

3.3.1 钉固机具

电、气动打钉枪用于钉木材、木夹板、纤维板、刨花板、石膏板等板材和各种装饰木线条的工具，如图 2-17 所示。

射钉枪是利用射钉枪枪击发射钉弹，使弹内火药燃烧并释放出能量，将射钉直接钉入坚硬的基体中，如金属、混凝土、岩石、砌体等，如图 2-18 所示。

3.3.2 自攻螺钉钻

自攻螺钉钻是上自攻螺钉的专用机具，用于轻钢龙骨或铝合金龙骨安装饰面板，以及各种龙骨本身的安装，如图 2-19 所示。

图 2-17 打钉枪

图 2-18 射钉枪

2-19 自攻螺钉钻

3.3.3 电动螺钉旋具

电动螺钉旋具主要用于罩面板与龙骨连接时的螺钉拧固操作，还使用于需要拧紧螺钉旋具的其他地方。一般电动螺钉旋具所能拧紧的最大螺钉规格为 M6。

3.3.4 电动砂纸机

(1) 主要性能及规格

电动砂纸机（图 2-20）主要用于对高级木装饰表面进行磨光作业。同时也用于油漆工序中的砂磨工序，使工件表面平整光滑，便于油漆。

砂纸机有带式、盘式、振动式三种。砂带的宽度为 28～120mm，常用功率为 130～160W。目前，施工中较多使用的牌子有意大利的马首牌和德国的牧田牌。博世牌砂纸机的主要技术性能见表 2-65。

(2) 使用要点

使用时，注意手握机柄在工件上边推边施加压力，匀速前进。切莫原地停留不动，以免在工件上磨出坑或将工件表面作为保护层的打底磨去。

图 2-20 电动砂纸机

博世牌砂纸机主要技术性能表　　表 2-65

	名称型号	底板尺寸(mm)	砂纸尺寸(mm)	输入功率(W)	空载转速(r/min)	质量(kg)
平板型	GSS14	110×112	115×140	150	24000	1.3
	PSS23	92×182	93×230	150	24000	1.7
	GSS28	114×226	115×280	500	20000	2.8
偏心型	PEX11A		φ115	250	12000	1.6
	PEX12AE		φ125	400	4500～13000	1.9
	GEX125AC		φ125	340	4500～12000	2.0
	GEX150AC		φ150	340	4000～12000	2.1
	PEX11A-1		φ115	190	11000	1.35

另外，应根据不同的打磨工件，选用不同标号的打磨砂纸，从而达到最佳效果，产生最佳效率。

实 训 课 题

1. 在指导教师的带领下，前往当地大型建材市场实地考察吊顶用龙骨材料及吊顶饰面装饰材料，写出考察报告。报告格式见下表。
2. 在指导教师的带领下，在实习车间参观各种装修机具，实习指导教师分别演示各种装饰施工机具，说明各种机具的用途、操作方法和安全事项。
3. 进行装饰机具、装饰工具的实际操作练习，掌握装饰工具、机具的安全操作要领，正确使用工具、机具。

考 察 报 告

姓　　名		考察地点	
参察时间		指导教师	
考察内容	×××吊顶龙骨、饰面材料考察报告		

思 考 题 与 习 题

1. 吊顶用饰面板材有哪些种类？
2. 石膏板吊顶材料规格、性能有哪些？
3. 金属吊顶饰面板有哪些种类？
4. 金属吊顶饰面板有哪些优缺点？
5. 吊顶装饰工程中常用装饰机具有哪些类别？
6. 举例说明常用装饰机具的用途。
7. 装饰机具对装饰工程施工有何影响？

单元 3 吊顶的形式与构造

知识点：
1. 吊顶的作用及造型形式。
2. 吊顶的构造。
3. 吊顶特殊部位的装饰构造。

教学目标：
1. 了解吊顶的作用和造型形式。
2. 掌握吊顶的基本构造和特殊构造。
3. 了解其他吊顶的构造。

吊顶造型形式和构造是根据建筑物室内环境的总体要求设计的。它的设计与选择应从建筑功能、建筑声学、建筑照明、建筑热工、设备安装、管线敷设、维护检修、防火安全等多方面综合考虑。同时，还应考虑建筑物室内空间大小、建筑物类别、房间的用途以及其他部位的装饰构造及材料做法等因素。

课题 1 吊顶的造型形式

1.1 平面式吊顶

所谓平面式，即吊顶的整体效果基本上是处于一个基准平面上，表面没有明显的凹凸变化关系。这种形式并非是绝对平面的关系，顶棚中以平面为主导形态的样式都属此类。其形式如图 3-1 所示。

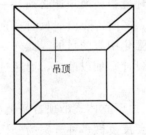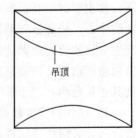

图 3-1 平面式吊顶

1.1.1 平面式吊顶的特点

1）形象简洁，单纯洗炼，性格质朴大方，平易亲切，有静谧安宁的心理影响和效果。

2）施工便捷，单纯，易于操作。可以大大提高工作效率，利于缩短工期。

3）一般情况下，这种吊顶的工程造价比较低廉。主要是因为平面形式便于材料加工，而且尺寸可以按材料模数下料，利于节约用材。

上述各点是平面式吊顶的优点。但其也有消极的一面，即这种形式如果处理不当，就会产生单调、呆板、枯燥的效果。

在吊顶造型形式中，采用最多的莫过于平面式。这是因为它适于大量性的中、低档装修要求，而这类室内装修项目又是比较广泛的。这种吊顶主要靠涂料、线角进行装饰，并辅以色彩、质感和肌理加以充实。它的工艺要求较高，必须用仪器抄平，主次龙骨要保证横平竖直。

1.1.2 平面式吊顶的适用范围

1）房屋面积较小的空间。小空间不宜再过分地修饰和变化，否则会显得拥挤。

2）室内要素过多的空间。因为在要素多的条件下，对比关系就相应的强。这样，在造型上就应强化统一和谐的关系要素，这就是单纯和大面积的平面。这样，才能使多要素和单纯要素达到整体平衡的效果。

3）适于表达空间环境的特定气氛。平顶棚的性格是平易、质朴和庄重。

总之，平面式吊顶有它自身的个性，其中具有积极和消极的双重方面。设计者必须根据实际空间的具体情况和条件综合地进行设计。切实地把握和运用平顶棚形式的特有规律，实事求是地把室内顶棚效果达到理想要求，把平顶棚形式经营得有声有色。

1.2 立体式吊顶

立体式吊顶是相对于平面式吊顶而言的，平面式吊顶为二维形态，立体式吊顶为三维形态。从造型形式上看，它呈现出不同凹凸的变化效果。

1.2.1 立体式吊顶的特点

1）形式多样，千变万化。立体式吊顶具有造型语言丰富的特点。它的性格可依设计者的处理手法不同而产生多种多样的心理反应。直线系造型可表现庄重、朴实、典雅、大方的性格；曲线系造型又能渲染出华丽、轻盈、自由、动感的抒情效果来。

2）调节空间。立体式吊顶在调节室内不良空间方面有着举足轻重的作用。特别是在调节空间高度上，效果较好。例如，利用梁间的空间做高吊顶，将梁底和次要空间做不同形式的低吊顶处理，增加高度感。

3）强化中心。立体式吊顶在室内设计中，除主墙面要有一个视觉中心外，一般情况下，在主要的中高档室内环境中，吊顶还必须有一个视觉中心或称趣味中心。例如，在吊顶的中心，局部进行单阶、多阶、正阶、反阶及直线、曲线的造型处理，使之与周围环境产生对比效应，进而达到强化中心的目的。此外，在建筑设计中，常有过分零乱的不规则室内空间出现，需要室内设计师加以改造，而通过立体吊顶的强化主导空间处理手法，可使其主从分明，趋于统一。

4）设计的难度较高。由于立体式吊顶自身造型的关系要素较多，在进行立体式吊顶设计时，必须认真对待，要反复做多种方案的分析和比较，切不可轻易推出设计方案。

1.2.2 立体式吊顶的种类及使用范围

（1）凹凸式

凹凸式吊顶相对于平面式吊顶的基准面是有进有退的，即吊顶面层从基准面退入一至多层，或凸出基准面，有时是有进有退两者结合。凹凸式吊顶造型形式有几何形、自由形和综合形，如图3-2所示。

凹凸式吊顶我们常称之为立体吊顶（或顶棚）。它常被用于造型要求丰富而高雅的室内环境中，如大堂、宴会厅、多功能厅、会议室、餐厅等房间。该造型形式在调节室内空

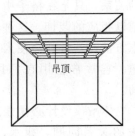

图 3-2 凹凸式

间方面是大有文章可做的。同时，凹凸式吊顶在巧妙处理室内设备的隐蔽工程方面也具有一定优势，它能够借助于室内设备的高程变化，巧妙进行凹凸变化。在创造室内意象环境方面，它的作用也是不容忽视的。

（2）曲面式

曲面式吊顶的造型方式，常把整个房间吊顶面层处理为曲面、拱形或折线形，相对基准面其曲面可向上或向下做凹凸变化，如图 3-3 所示。

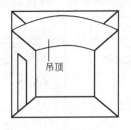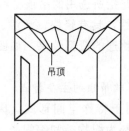

图 3-3 曲面式

曲面形吊顶的造型形式有多种，设计时需要结合声、光等效果综合考虑，它多用于影剧院、大会堂、宴会厅等室内较大的空间。

（3）分层式

分层式吊顶有多个基准面，它与凹凸式吊顶的区别是层与层之间相互独立，可处理为中间高、两侧低，或中间低、两侧高，如图 3-4 所示。

分层式顶棚的特点：是在同一室内

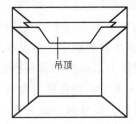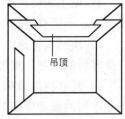

图 3-4 分层式吊顶示意

空间，根据使用要求，将局部顶棚降低或升高，构成不同形状、不同层次的小空间。利用错层来布置灯槽、送风口等设施。可以结合声、光、电、空调的要求，形成不同高度、不同反射角度、不同效果。这种顶棚适用于中型或大型室内空间。如活动室、会堂、餐厅、舞厅、多功能厅、体育馆等。

（4）井格式

井格式吊顶可利用原建筑顶界面的井字梁结构，因形就势进行设计，也可单独设计为井格式龙骨，在此基础上进行装饰，如图 3-5 所示。

井格式吊顶的主要造型形式有正方格式和斜方格式，它从整体上并不改变井字梁或龙

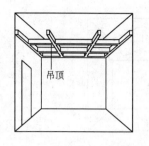 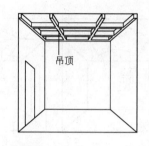

图 3-5 井格式

骨的关系，只是在格子中心或节点等处辅以相应的装饰。这种吊顶具有某种东方情调，常常会使人产生藻井的联想。它常常被用在门厅或回廊等房间。

立体吊顶设计必须兼顾室内设备相关的关系问题。如水、暖、空调、电路、消防等管线的隐蔽工程处理等，它们都制约着吊顶造型设计。所以，设计时必须巧妙地综合平衡、全面协调、多方案比较，选择理想的立体吊顶设计方案。

总之，立体式吊顶是较高层次的吊顶造型形式，我们必须充分掌握它的特征，用辩证的、综合的思维方法，精心构思，精心设计，才能创造出佳作和精品。

1.3 软 吊 顶

软吊顶是指所选用的吊顶材料为软质材料，它是现代室内设计一种新的造型形式，有很强的艺术性，具有轻快、活泼、温暖、亲切、飘逸的造型效果，如图3-6所示。

1.3.1 软吊顶的主要特点

1) 适用于特殊空间形式。因为软吊顶的材料为织物类和编织类，这类材料的可缩性和适应性特别强，它可以做成多种造型。

 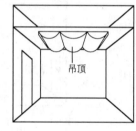

图 3-6 软吊顶

2) 施工快捷。软吊顶的连接工艺单纯，方法多样，加工容易，施工工艺简单，效率也很高，不需要特定的专业工具，施工人员稍加培训便可施工。

3) 质感效果好。在吊顶装修中，多数材料均为光亮的硬质材料，在质感处理方面往往受材料的限制，难度较大。编织类材料的运用弥补了吊顶质感效果处理的不足。

4) 具有空间效果。由于织物在室内微气流的作用下，产生轻盈的动感，使得软吊顶产生不同的流动空间效果，使室内空间充满生机。

5) 造价低。软吊顶材料的成本与其他顶棚材料相比，不需附加结构材料，且本身造价也较低，施工效率又高，工期短，是经济性极佳的吊顶装修形式。

软吊顶除使用织物外，还可使用其他材料，如塑料、草编等多种材料，同时还可以分为几何构成和自由构成两大类别，形式丰富多样。

软吊顶虽然优点很多，也存在不利因素。例如，材料轻软，耐久性差，在自然通风条件下，吊挂织物容易被风吹拂，损坏顶棚造型，不宜大面积使用。因此，在选用软顶棚形式时，要认真推敲，精心设计。

1.3.2 软吊顶的适用范围

软吊顶是一种文化氛围很浓的吊顶处理形式，常用于艺术性较强的公共休闲场所，如剧场、酒吧、文娱场所等。

1.4 自由式吊顶

自由式吊顶是指吊顶构成及造型结构为非几何形排列，是自由多变的非对称的构成关系。吊顶的剖面自由错落，高高低低，轻松自如。图3-7为三种自由式吊顶示意图。

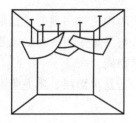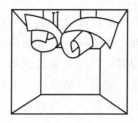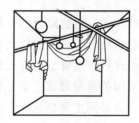

图3-7 自由式吊顶

自由式吊顶其特点不受某些条件的约束，充分利用吊件的高低变化和被吊挂构建或材料的特点，通过视觉变化达到其效果。自由式吊顶还可利用彩灯对其效果做进一步渲染。自由式吊顶常用于娱乐性和私密性较强的空间，如音乐厅、艺术馆、豪宅等。

1.5 发光吊顶

发光吊顶是指全面透光的吊顶，或者叫天窗式吊顶，吊顶的光源有人工光源和自然光源两种，如图3-8所示。

1.5.1 发光顶棚的主要特征

1）以顶部采光为主要目的。诸如宾馆中的四季厅，大型公共建筑室内的内庭，其环境有大量的绿化装饰。基本要求是室内需要充足的光照，以确保植物的生存和生长条件；大型暗厅则要求有足够面积和光源的照明。

图3-8 发光吊顶

2）营造特定的环境气氛。当吊顶在满足基本条件后，造型艺术设计则至关重要。设计中常常与室外环境性质相联系，即体现"室内环境室外化"、"回归自然"等设想。

3）天窗的采光形式受建筑结构和构造的制约，它要兼顾防雨、承载风荷雪荷、防冻等问题，因此，基本形式设计相对被动，没有自由度。

1.5.2 空间处理和形式变化

（1）空间处理

以顶部采光为主要目的的发光吊顶常常设在大空间房间中，在处理上，应着重研究和解决大空间的空旷感和单调感问题。常用的处理方法有：

1）采用垂吊的大型吊灯及组灯来控制空间。

2）通过悬挂竖向的条形装饰旗控制空间。

3）通过悬挂各种不同形式的装饰物来丰富和充实空间。

（2）形式变化

发光吊顶不一定是统一的大平面形式，它可通过不同单元组合，创造出多种新颖的吊顶形式，我们把这种吊顶形式称作立体发光吊顶。也可与其他吊顶形式结合通过高低、明暗、大小的对比，创造新的吊顶形式。

课题 2 吊顶的基本构造

吊顶的构造，通俗地说就是吊顶的组成及做法。吊顶的构造与吊顶的造型形式密不可分，不同的造型形式其构造组成也有所不同。吊顶的构造与吊顶采用的材料也是密不可分的，不同的材料，尽管造型形式相同，其构造做法也不尽相同。

尽管吊顶的造型形式千变万化，但是，吊顶的基本构造是由面层、木龙骨和吊筋三部分构成的，其区别主要是龙骨、面层材料、位置的变化。

2.1 直接式吊顶

直接式吊顶是将吊顶材料直接固定在建筑物楼板、屋面板或屋架的底部，吊顶的造型形式多为平面式，结构式吊顶也属于此类，它分为有龙骨吊顶和无龙骨吊顶两种。基本构造组成如图 3-9 所示。

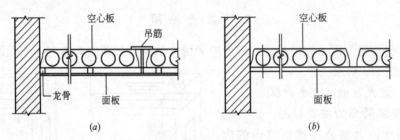

图 3-9 直接式吊顶构造
(a) 有龙骨吊顶；(b) 无龙骨吊顶

直接式吊顶具有构造简单、构造层厚度小；可充分利用空间、处理手法简要、装饰效果多样化；材料用量少、施工方便、造价较低等特点。直接式吊顶适用于没有隐藏管线设备、设施的内部空间的普通建筑以及室内建筑高度空间受到限制的场所。

2.1.1 有龙骨吊顶的基本构造

(1) 铺设固定龙骨

直接式有龙骨吊顶是在结构楼板底面直接铺设固定龙骨，龙骨多采用木方，其间距根据面板厚度和规格确定。木龙骨的断面尺寸宜为 $b \times h = 40mm \times (40\sim50)mm$。为保证龙骨的平整度，应根据房间宽度将龙骨层的厚度（龙骨底面到楼板的间距）控制在 $55\sim65mm$ 以内。龙骨与楼板之间的间距可采用垫木填嵌。龙骨的固定方法一般采用胀管螺栓或射钉将连接件固定在楼板上。当龙骨与楼板之间的间距较小，且吊顶较轻时，也可采用冲击钻打孔，埋设锥形木楔的方法固定。

吊顶从严格意义上讲，应有吊筋、龙骨层、装饰面层三大部件。

(2) 铺钉装饰面板

直接式有龙骨吊顶的饰面板常用的有胶合板、石膏板等板材，饰面板可直接与木龙骨钉接。图 3-10 为直接式吊顶构造示意。

（3）板面修饰

直接式有龙骨吊顶板面多采用整体平面，板面修饰主要是对饰面板接缝以及边角等部位进行处理，具体处理方法详见"吊顶特殊部位的装饰构造"相应部分。

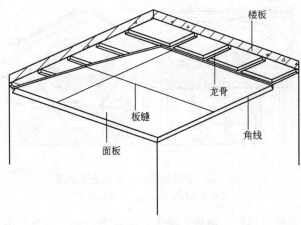

图 3-10 直接式吊顶构造示意图

2.1.2 无龙骨吊顶的基本构造

"无龙骨吊顶"，应做平顶式或依据顶棚构造进行处理，平顶式无龙骨吊顶是在结构楼板底面直接铺贴装饰面板或其他装饰材料。这种吊顶多用于普通建筑或层高较低的室内空间，也是结构式平顶常用的装饰形式。

（1）直接抹灰、喷刷、裱糊类吊顶

1）基层处理

直接式无龙骨吊顶的基层有预制空心板、现浇钢筋混凝土板。基层处理的主要目的是保证饰面的平整以及基层与面层的粘结能力，处理方法是先在顶棚的基层上刷一遍纯水泥浆，然后用混合砂浆打底找平。要求较高的房间，可在底板增设一层钢板网，在钢板网上再做抹灰，这种做法强度高，接合牢，不易开裂脱落。

2）中间层、面层的构造做法

直接抹灰、喷刷、裱糊类吊顶的中间层和面层的构造做法如图 3-11 所示。

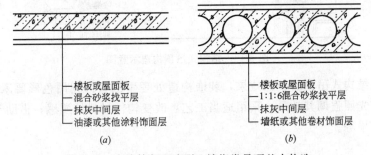

图 3-11 直接抹灰、喷刷、裱糊类吊顶基本构造
(a) 喷刷类吊顶；(b) 裱糊类吊顶

（2）直接贴面类吊顶

1）基层处理：基层处理要求和做法同直接抹灰、喷刷、裱糊类吊顶。

2）中间层构造做法：粘贴面砖等块材和粘贴固定石膏板（条）时宜增加中间层，以保证其平整度。做法是在基层上做 5～8mm 厚 1：0.5：2.5 水泥石灰砂浆。

3）面层的构造做法：粘贴面砖参见墙面装修相应构造。粘贴固定石膏板或条时，宜采用钉接和粘结相配合，具体做法是在结构和抹灰层上钻孔，安装前埋置锥形木楔或塑料胀管。在板或条上钻孔、粘贴板或条时，用木螺钉辅助固定。图 3-12 为粘贴固定石膏板条吊顶典型装饰造型示意图。

（3）结构式平顶基本构造

将屋盖或楼盖结构暴露在外，利用结构本身的造型形式直接进行装饰，这种吊顶称为结构式吊顶。例如网架结构、井字梁楼盖、拱形屋盖等，其结构构造的布置形式，本身就很有规律，具有结构本身的艺术表现力。如能充分利用这一特点，有时能获得优美的韵律感。

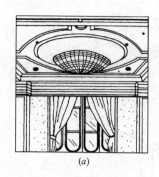

图 3-12　直接贴面类吊顶构造示意图
(a) 石膏条装饰吊顶；(b) 粘贴石膏花饰吊顶

结构式吊顶的装饰重点在于巧妙地组合照明、通风、防火、吸声等设备，以显示吊顶与结构韵律的和谐，形成统一的、优美的空间景观。结构吊顶广泛用于体育馆、展览厅等大型公共建筑。图 3-13 是原结构为井字梁楼盖的结构式吊顶的构造示意图。

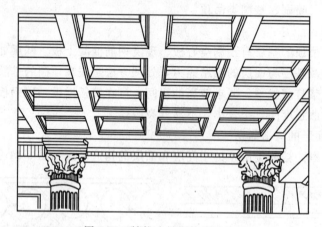

图 3-13　结构式吊顶构造示意图

为了增强结构式吊顶的装饰效果，装饰构造处理手法有：利用色彩要素做调节处理；利用灯具及其光照强调其效果；采用适当工艺，改变构件材料的质感；借助于一些小的饰品调节装饰效果等。

2.2　悬吊式吊顶

悬吊式吊顶是指吊顶的装饰表面与屋面板、楼板等结构构件之间有一定的距离，在这段空间中，通常要结合布置各种管道和设备，如灯具、空调、灭火器、感烟器等。悬吊式吊顶通常还利用这段悬挂高度，使吊顶在空间高度上产生变化，形成一定的立体感。悬吊式吊顶的装饰效果较好，形式变化灵活丰富，适用于中、高档的建筑吊顶装饰。

悬吊式吊顶内部空间的高度，在没有功能要求以及室内空间无特殊要求时，宜小不宜大，以节约材料和造价。若需利用吊顶内部空间作为敷设管线管道、安装设备等的技术空间，以及有隔热通风层的需要，则可根据不同情况适当加大，必要时应铺设检修走道以便检修，防止踩坏面层，保障安全。

2.2.1 悬吊式吊顶的基本构造

悬吊式吊顶一般由基层、面层、吊筋三大基本部分组成。它分为上人吊顶和不上人吊顶两种。常见的构造做法如图3-14所示。

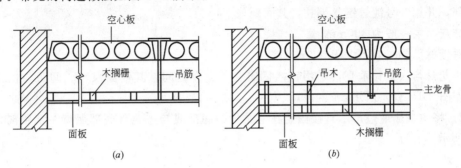

图3-14 悬吊式吊顶构造
（a）木搁栅龙骨吊顶；（b）主次龙骨吊顶

2.2.2 吊顶的基层

悬吊式吊顶的基层是指吊顶骨架层，它是由主龙骨、次龙骨、小龙骨（或称为主搁栅、次搁栅）组成的网格骨架体系。其作用主要是承受吊顶的荷载，并由它将荷载通过吊筋传递给楼盖或屋盖。在有设备管道或检修设备的马道吊顶中，龙骨还承担由此产生的荷载。悬吊式吊顶基层按其材料有木龙骨基层和金属龙骨基层两大类。

（1）木龙骨基层

木龙骨基层有搁栅式和主次式两种形式，搁栅式基层多为不上人吊顶；主次式基层多为上人吊顶或承受较大荷载的吊顶。其构造组成如图3-15所示。

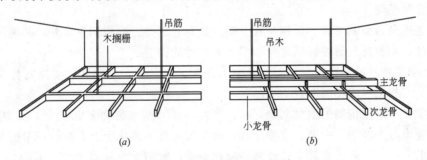

图3-15 木龙骨构造示意图
（a）搁栅式龙骨；（b）主次式龙骨

搁栅式基层是由纵横交错，截面尺寸为50mm×50mm（或40mm×50mm）的方木构成的整体网格，网格为正方形或长方形，其边长尺寸为400～600mm（具体尺寸视面板尺寸而定，应使面板接缝位于搁栅处），方木在纵横交错点做成半开槽，采用胶接和钉接处理，其做法如图3-16所示。

主次式基层是由主龙骨、次龙骨、

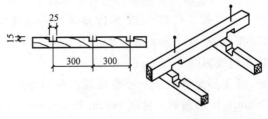

图3-16 木搁栅节点示意图

小龙骨三部分组成。主龙骨沿房屋的短向布置，其间距一般为1.2~1.5m，断面尺寸为50mm×70mm，钉接或者栓接在吊杆上；次龙骨的做法有以下两种：

1）次龙骨与主龙骨垂直，次龙骨通常采用50mm×50mm的方木吊挂钉牢在主龙骨的底部，并用8号镀锌钢丝绑扎，其间距如下：

抹灰面层一般为400mm。

对板材面层一般不大于600mm。

小龙骨与次龙骨垂直，采用钉接固定在次龙骨之间，其断面尺寸、间距与次龙骨相同，如图3-15（b）所示。

2）将木搁栅通过吊木直接固定在主龙骨的底部或与主龙骨底部保持一定距离，如图3-17所示。

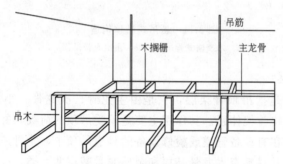

图3-17 主次龙骨吊顶构造

木基层的锯解加工较方便，但其耐火性较差，应用时需采取相应防火措施对木材进行处理。木基层多用于传统建筑的吊顶和造型形式特别复杂的顶棚。

（2）金属基层

金属基层分为型钢龙骨、轻钢龙骨、铝合金龙骨三类。除型钢龙骨外，其他两类龙骨为定型产品，本教材只讲述轻钢龙骨和铝合金龙骨的构造。

1）轻钢龙骨基层：轻钢龙骨基层是由大龙骨、中龙骨、小龙骨、横撑龙骨及各种连接件组成。其构造组成如图3-18所示。

轻钢龙骨一般用特制的型材制成，断面多为U形，故又称为U形龙骨。其中大龙骨，按其承载能力分为轻型、中型、重型三级，轻型大龙骨不能承受上人荷载；中型大龙骨能承受偶然上人荷载，亦可在其上铺设简易检修走道；重型大龙骨能承受上人的800N检修集中荷载，并可在其上铺设永久性检修走道。大龙骨的高度分别为30~38mm、45~50mm、60~100mm。中龙骨和小龙骨断面也为U形，中龙骨截面宽度为50mm或60mm。小龙骨截面宽度为25mm。

2）铝合金龙骨基层：铝合金龙骨是目前在各种吊顶中用得较多的一种吊顶龙骨。常用的有T形、U形、LT形以及采用嵌条式构造的各种特制龙骨。其中，应用最多的是LT形龙骨。LT形龙骨主要由大龙骨、中龙骨、小龙骨、边龙骨及各种连接件组成。其构造组成如图3-19所示。

LT形龙骨也分为轻型系列、中型系列、重型三个系列。轻型系列龙骨高30mm和38mm，中型系列龙骨高45mm和50mm，重型系列龙骨高60mm。中部中龙骨的截面为倒T形，边部中龙骨的截面为L形。中龙骨的截面高度为32mm和35mm。小龙骨的截

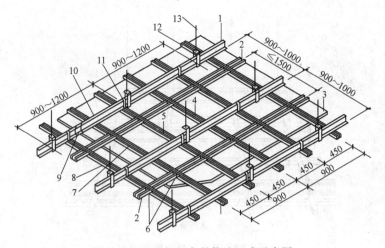

图 3-18 U 形轻钢龙骨构造组成示意图

1—BD 大龙骨；2—UZ 横撑龙骨；3—吊顶面板；4—UZ 龙骨；5—UX 龙骨；6—UZ3 支托连接；
7—UZ2 连接件；8—UX2 连接件；9—BD2 连接件；10—UX1 吊挂；11—UX2 吊件；
12—BD1 吊件；13—UX3 吊杆（$\phi 8 \sim \phi 10$）

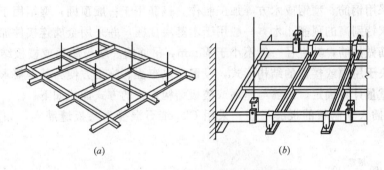

图 3-19 LT 形铝合金龙骨构造示意图
(a) 不上人吊顶；(b) 上人吊顶

面为倒 T 形，截面高度为 22mm 和 23mm。

当吊顶的荷载较大或者悬吊点间距很大，以及在特殊环境下使用时，必须采用普通型钢做基层，如角钢、槽钢、工字钢等。

(3) 混合基层

混合基层是指钢木混合的基层、型钢轻钢龙骨基层或型钢铝龙骨基层。通常主龙骨为型钢或轻钢，即其下方吊挂木搁栅、轻钢或铝龙骨。混合基层具有承受较大荷载的特点，适用于空间跨度大、设备重量大的吊顶工程。图 3-20 为型钢与木搁栅的混合基层构造。

2.2.3 吊筋

(1) 吊筋的作用

吊筋是连接龙骨和承重结构的承重传力构件。其作用主要是承受顶棚的荷载，并将这一荷载传递给屋面板、楼板、屋顶梁、屋架等部位。它的另一作用是用来调整、确定悬吊式顶棚的空间高度，以适应不同场合、不同艺术处理上的需要。

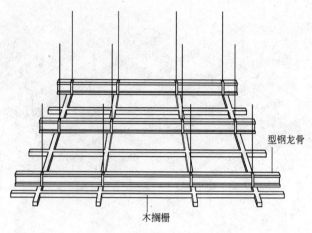

图 3-20 混合基层构造示意图

（2）吊筋与吊点设置

吊筋的形式和材料的选用，与吊顶的自重及吊顶所承受的灯具、风口等设备荷载的重量有关，也与龙骨种类，屋顶承重结构的形式和材料等有关。

吊筋可采用钢筋、型钢或木方等加工制作。钢筋用于一般顶棚；型钢用于重型顶棚或整体刚度要求特别高的顶棚；木方一般用于木基层顶棚，并采用金属连接件加固。

采用钢筋做吊筋，其直径一般不小于φ6mm，吊筋的一端与屋顶或楼板结构连接，其连接形式取决于屋顶或楼板的结构形式，设置点以牢固、施工方便为基本要求，设置间距根据吊顶的重量计算确定。吊筋与屋顶或楼板结构连接的方式详述如下：

1）直接插入预制板的板缝吊筋，采用C20细石混凝土将板缝灌实，如图3-21（a）所示。

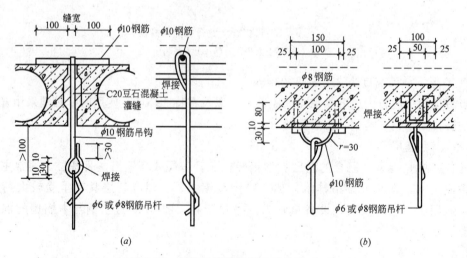

图 3-21 钢筋吊筋与楼板连接构造（一）

2）将吊杆绕于钢筋混凝土板底预埋件焊接的半圆环上，如图3-21（b）所示。

3）将吊杆绕于焊有半圆环的钢板上，并将此钢板用射钉固定于钢筋混凝土板底，如图3-22（a）所示。

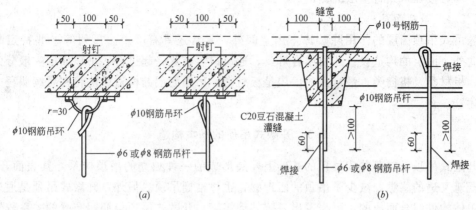

图 3-22　钢筋吊筋与楼板连接构造（二）

4）在预制板的板缝中先埋下 ϕ10 钢筋，并将顶棚的吊杆做焊接处理，板缝中用 C20 细石混凝土灌实，如图 3-22（b）所示。

5）在钢筋混凝土板底预埋钢件、钢板，焊 ϕ10 连接钢筋，并把吊杆焊于连接钢筋上，如图 3-23（a）所示。

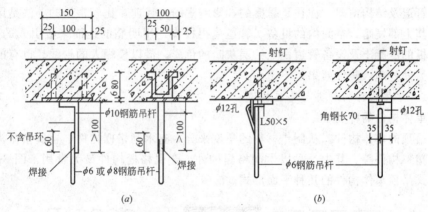

图 3-23　钢筋吊筋与楼板连接构造（三）

6）将吊杆缠绕于板底附加的 L50mm×5mm 的角钢上，角钢用射钉固定于钢筋混凝土板底，如图 3-23（b）所示。

在吊顶龙骨被截断或荷重有变化的位置，应增设吊点。

（3）吊筋与龙骨的连接

钢筋的另一端与骨架相连接，连接方法取决于吊顶基层材料、吊筋的材料及形式，连接方式主要有螺栓连接，吊挂件连接、钉接、焊接等。钢筋与骨架的连接构造如图 3-24 所示。

木龙骨基层可采用 50mm×50mm 的方木做吊杆，顶部固定木块或角铁并将吊杆钉接或拴接在木块或角铁的侧

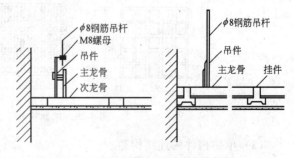

图 3-24　钢筋吊筋与基层的连接构造

面，下端钉接在木龙骨基层的侧面。

2.2.4 吊顶面层

悬吊式吊顶面层的作用除装饰室内空间外，常常还具有吸声、反射等一些特定的功能。此外，面层的构造设计还要结合灯具、通风口等布置一起进行。吊顶面层一般分为抹灰类、板材类及格栅类。最常用的面层是板材类。吊顶面层的构造做法将在后续课程中专门讲述。

2.3 开敞式吊顶的基本构造

开敞式吊顶是在藻井式吊顶的基础上发展形成的一种独立的吊顶体系，其表面开口，具有既遮又透的感觉，减少了吊顶的压抑感，也称格栅吊顶。另外，开敞式吊顶是通过一定的单体构件组合而成的，可表现出一定的韵律感。开敞式吊顶与照明布置的关系较为密切，甚至常将其单体的构件与灯具的布置结合起来，增加了吊顶构件和灯具双方的艺术功用，使其作为造型艺术品、装饰品的作用得到充分的发挥。这类吊顶既可作为自然采光之用，也可作为人工照明顶棚，既可与T形龙骨配合分格安装，也可不加分格大面积地组装。

开敞式吊顶的上部空间处理，对于装饰效果影响很大，因为吊顶是敞口的，部分空间的设备、管道及结构情况，往往是暴露的，影响观瞻。目前，比较常用的办法是用灯光的反射，使其上部发暗，空间内的设备、管道变得模糊，用明亮的地面来吸引人的注意力。也可将顶板的混凝土及设备管道刷上一层灰暗的色彩，借以模糊人的视线。也有的上部空间尽管不另做处理，装饰效果也不错。

2.3.1 单体构件的种类与连接构造

(1) 单体构件的种类

组成吊顶的单体构件，从制作材料的角度来分，有木制格栅构件、金属格栅构件、灯饰构件及塑料构件等。其中，尤以木制格栅构件、金属格栅构件最为常用。图3-25所示的是开敞式吊顶单体构件的几种平面形式。

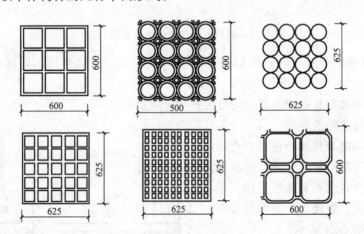

图 3-25 单体构件平面构造形式

(2) 单体构件的连接构造

单体构件的连接构造，在一定程度上影响单体构件的组合方式，以至整个吊顶棚的造型。标准单体构件的连接,通常是采用将预拼安装的单体构件插接、挂接或榫接在一起的方法,如图 3-26 所示。

2.3.2 开敞式顶棚的安装构造

(1) 单体构件固定在可靠的骨架上,然后再将骨架用吊杆与结构相连,这种方法一般适用于构件自身刚度不够,稳定性差的情况,如图 3-27（a）所示。

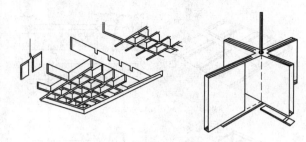

图 3-26 单体构件连接构造

(2) 对于用轻质、高强材料制成的单体构件,不用骨架支持,而直接用吊杆与结构相连,这种预拼装的标准构件的安装要比其他类型的吊顶简单,而且集骨架和装饰于一身。在实际工程中,为了减少吊杆的数量,通常采用了两种变通的方式,即先将单体构件连成整体,再通过通长的钢管与吊杆相连,这样做,不仅使施工更为简便一些,而且可以节约大量的吊顶材料,如图 3-27（b）所示。

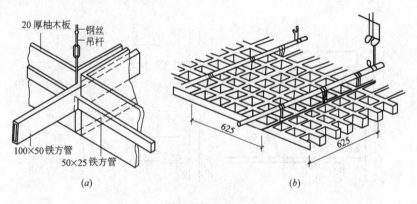

图 3-27 开敞式顶棚的安装构造

2.4 金属板吊顶

金属板吊顶是指采用铝合金板、薄钢板等金属板材为面层的吊顶,铝合金板表面做电化铝饰面处理,薄钢板表面可用镀锌、涂塑、涂漆等防锈饰面处理。两类金属板都有打孔和不打孔的条形、矩形等形式的型材。金属板吊顶具有自重小,色泽美观大方,质感独特,线条刚劲而明快,构造简单,安装方便,耐火,耐久,应用广泛等特点。这种吊顶的龙骨除作为承重杆件外,还兼有卡具的作用。

2.4.1 金属条板吊顶

铝合金和薄钢板轧制而成的槽形条板,有窄条、宽条之分,根据条板类型的不同、顶棚龙骨布置方法的不同,可以有各式各样的变化丰富的效果,根据条板与条板相接处的板缝处理形式,可分为开放型条板顶棚和封闭型条板顶棚。开放型条板顶棚离缝间无填充物,便于通风。也可在上部另加矿棉或玻璃棉垫,作为吸声顶棚之用。还可用穿孔条板加强吸声效果。封闭型条板顶棚在离缝间可另加嵌缝条或条板,单边有翼盖没有离缝,如图 3-28 所示。

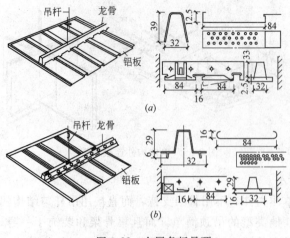

金属条板，一般多用卡口方式与龙骨相连。但这种卡口的方法，通常只适用于板厚为0.8mm以下，板宽在100mm以下的条板，对于板宽超过100mm，板厚超过1mm的板材多采用螺钉等来固定，配套龙骨及配件各厂家均自成体系，可根据不同需要进行选用，以达到美观实用的效果。金属条板的断面形式很多，其配套件的品种也是如此，当条板的断面不同、配套件不同时，其端部处理的方式也是不尽相同的，图3-29所示的是几种常用条板及配套副件组合时其端

图3-28 金属条板吊顶
(a) 封闭型；(b) 开敞型

部处理的基本方式。

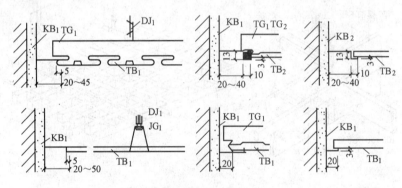

图3-29 金属条板吊顶节点图

金属条板吊顶属于轻型不上人吊顶，当吊顶上承受重物，或上人检修时，常因承载能力不够而出现局部变形现象，这种情况在龙骨兼卡具形式的吊顶中，更为严重。因此，对于荷重较大或需上人检修的吊顶，考虑到局部集中荷载的影响，一般多采用以角钢或圆钢代替轻便吊筋的方法来解决，如果采用加一层主龙骨（加设U形大龙骨）作为承重杆件，模仿上人吊顶的一般处理方法，可更好地解决吊顶不平及局部变形等问题。

2.4.2 金属方板吊顶

金属方板吊顶在装饰效果上别具一格，在吊顶表面设置的灯具、风口、喇叭等与方板协调一致，使整个吊顶组成有机整体。另外，采用方板吊顶时，与柱、墙边处理较为方便合理。如果将方板吊顶与条板吊顶相结合，可取得形状各异、组合灵活的效果。若方板吊顶采用开放型结构时，还可兼作吊顶的通风效能。

金属方板安装的构造有搁置式和卡入式两种。搁置式多为T形龙骨，方板四边带翼缘，搁置后形成格子形离缝，卡入式的金属方板卷边向上，形同有缺口的盒子形式，一般边上扎出凸出的卡口，卡入有夹翼的龙骨中。方板可以打孔，上面衬纸再放置矿棉或玻璃棉的吸声垫，形成吸声吊顶，如图3-30所示。方板也可压成各种纹饰，组合成不同的图案。

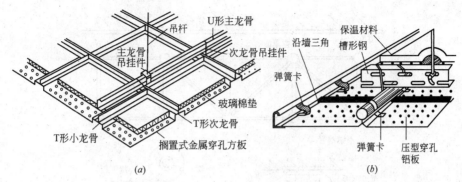

图 3-30 金属方板吊顶构造
（a）搁置式；（b）卡入式

在金属方板吊顶中，当四周靠墙边缘部分不符合方板的模数时，可以改用条板或纸面石膏板等材料处理，如图 3-31 所示。

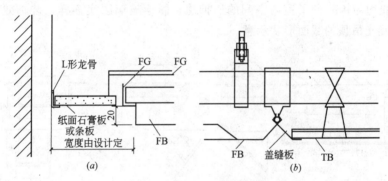

图 3-31 金属方板吊顶端部处理
（a）端部处理；（b）条板处理

2.5 其他吊顶的装饰构造

2.5.1 装饰网架吊顶

装饰网架吊顶一般采用不锈钢管、铝合金管等材料加工制作。这类吊顶具有造型简洁新颖、结构韵律美、通透感强等特点。若在网架的顶部铺设镜面玻璃，并于网架内部布置灯具，则可丰富顶棚的装饰效果。装饰网架顶棚造价较高，一般用于大厅、门廊、舞厅等需要重点装饰的部位。

（1）装饰网架顶棚的主要构造要点

网架杆件组合形式与杆件之间的连接 由于装饰网架一般不是承重结构，所以杆件的组合形式主要根据装饰所要达到的装饰效果来设计布置。杆件之间的连接可采用类似于结构网架的节点球连接，也可直接焊接，然后再用与杆件材质相同的薄板包裹。

（2）装饰网架与主体结构的连接

连接节点参见顶棚的吊点构造。图 3-32 为装饰网架大样及连接节点构造。

2.5.2 发光吊顶

发光吊顶是指吊顶饰面板采用有机灯光片、彩绘玻璃等透光材料的吊顶。发光吊顶整

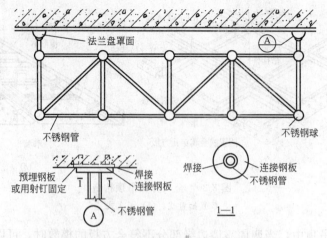

图 3-32 装饰网架大样及连接节点构造

体透亮,光线均匀,减少了室内空间的压抑感;彩绘玻璃图案多样,装饰效果丰富。图 3-33 为几种发光吊顶的截面形状示意。

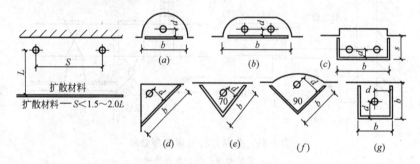

图 3-33 发光吊顶的截面形状示意
(a)、(b) 弧形;(c)、(g) 矩形;(d)、(e)、(f) 三角形

大面积使用发光吊顶,耗能较多;技术要求较高;要保证顶部光线均匀透射,灯具与饰面板之间必须保持一定的距离,占据一定的高度空间。表 3-1 为透光材料所做发光顶棚中灯具的最大距离 S 与灯具至吊顶饰面板的最小距离 L 之比,表 3-2 为整片发光吊顶中灯具至顶棚饰面板的最小距离。

透光材料发光吊顶 S/L 表 3-1

灯具类型	M_{max}/M_{min} =1.4	L_{max}/L_{min} =1.0	灯具类型	M_{max}/M_{min} =1.4	L_{max}/L_{min} =1.0
深配光镜面灯	0.9	0.7	余弦式线状光源(如0Ⅱ型灯具)	1.8	1.2
余弦式点光源(如万能型灯具)	1.5	1.0	线状光源(如露明荧光灯)	2.4	1.4
均匀式点光源(如露明白炽灯)	1.8	1.2			

发光吊顶的主要构造要点:

1) 固定面层透光材料一般采用搁置、承托或螺钉固定的方式与龙骨连接,如图 3-34 所示,以方便检修及更换吊顶内的灯具。如果采用粘贴的方式,则应设置进入孔和检修走道,并将灯座做成活动式,以便拆卸检修。

整片发光吊顶中灯具至吊顶饰面板的最小距离 L　　　　表 3-2

灯具类型	吊顶材料	吊顶的照度(lx)				
		75	150	200	500	1000
露明荧光灯	乳白玻璃	2.7	1.4	1.0	0.4	0.2
	45°×45°格片	6.7	3.3	2.5	1.0	0.5
露明白炽灯	乳白玻璃	0.8	0.6	0.5	0.3	—
	45°×45°格片	1.5	1.1	0.9	0.6	—
OⅡ型灯具	乳白玻璃	6.7	3.3	2.5	1.0	0.5
	45°×45°格片	12	6	4.6	0.9	0.9
万能型灯具	乳白玻璃	1.0	0.7	0.6	0.4	—
	45°×45°格片	1.5	1.1	0.9	0.6	—

注：1. 光源最小功率：白炽灯 60W，荧光灯 30～40W；
　　2. 45°指正方形格片两方向的眩光保护角。

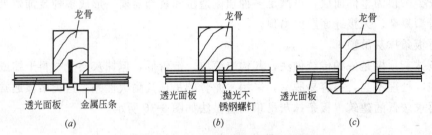

图 3-34　透光板与龙骨的连接构造

2）吊顶骨架的布置。由于吊顶骨架需支承灯座和面层透光板两部分，所以骨架必须双层设置。上下层之间通过吊杆连接。

3）吊顶骨架与主体结构的连接一般将上层骨架通过吊杆连接到主体结构上，具体构造同一般吊顶。图 3-35 为一般发光吊顶的构造示意。

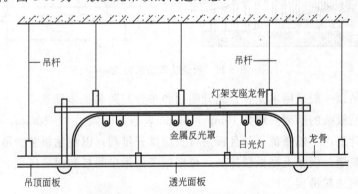

图 3-35　一般发光吊顶构造示意图

2.5.3　软吊顶

软吊顶是指用绢纱、布幔等织物或充气薄膜等材料装饰室内空间的吊顶。这类吊顶可以自由地改变顶棚的形状，别具装饰风格，能够营造多种环境气氛，有丰富的装饰效果。例如：在卧室上空悬挂的帐幔能增加静谧感，催人入睡；在娱乐场所上空悬挂彩带布幔做吊顶能增添活泼热烈的气氛；在临时的、流动的展览馆用布幔做成顶棚，可以有效地改善室内的视觉环境，并起到调整空间尺度、限定界面等作用。但软质织物一般易燃烧，设计时宜选用阻燃织物。软吊顶的主要构造要点为：

（1）吊顶造型的控制

软吊顶造型的设计应以自然流线形为主体。由于织物柔软，对于需要固定造型的控制较困难。因此，必要时应采用钢丝、钢管等材料加以衬托。

（2）织物或薄膜的选用

织物或薄膜一般应选用具有耐腐蚀、防火、较高强度的织物或薄膜。必要时应做有关技术处理。

（3）悬挂固定

软吊顶可直接悬挂固定在建筑物的楼屋盖下或侧墙上，或悬挂固定在龙骨上。通常，为了方便拆装织物或薄膜或改变吊顶形状，应在悬挂点设置活动夹具或轨道。

2.5.4 抹灰吊顶

抹灰类吊顶为整体面层，可满足多种顶棚造型和装饰需要，形成多种装饰效果。尤其适用于造型复杂、无接缝面层的吊顶。

（1）板条抹灰吊顶

板条抹灰顶棚是一种传统做法，其构造简单、造价低，但抹灰层受材料干缩或结构变形的影响，处理不当，很容易脱落，采用木龙骨的吊顶其耐火性差。这类吊顶通常用于装饰等级要求较低的建筑。板条抹灰吊顶构造做法如图 3-36 所示。

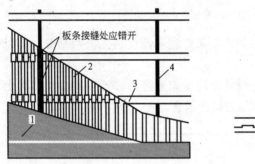
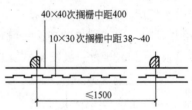

图 3-36　板条抹灰吊顶构造

板条抹灰吊顶一般采用木龙骨，龙骨端面和布置间距参见本课题 2.2。木龙骨下表面钉接毛板条，毛板条的断面一般为 10mm×30mm，板条间隙为 8～10mm，板条的两端均应实钉在次龙骨上，不能悬挑，并且板条接头应错开排列，以免毛板条变形、灰浆干缩等原因造成面层裂缝。板条上做里层抹灰，再根据需要做中间层和面层抹灰。

（2）钢板网抹灰吊顶

钢板网抹灰吊顶具有耐久性、防震性和耐火性等特点，但造价较高，一般用于中、高档建筑。钢板网抹灰吊顶采用金属制品作为吊顶棚的骨架和基层，一般采用等边角钢作为次龙骨，中距 400mm，采用槽钢或工字钢作为主龙骨，槽钢或工字钢的型号按结构设计的强度和刚度要求计算确定，面层选用丝梗厚为 1.2mm 的钢板网，网后衬垫一层 $\phi6mm$ 钢筋网，中距为 200mm，绑扎牢固后，再进行抹灰。抹灰的做法和构造层次与墙面装饰抹灰类同，如图 3-37 所示。

钢板网抹灰顶棚也可采用板条木骨架下挂钢板网的做法。

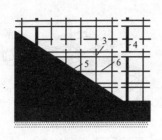 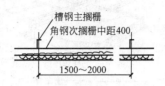

图 3-37　钢板网抹灰吊顶的装饰构造

2.5.5　镜面吊顶

镜面顶棚采用镜面玻璃、镜面不锈钢片条饰面材料，使室内空间的上界面空透开阔，可产生一种扩大空间感，生动而富于变化，常用于公共建筑中。

镜面顶棚的基本构造是将镜片用专用胶粘剂贴在基层上，再用螺钉安装固定。为确保玻璃镜面顶棚的安全，应采用安全镜面玻璃。图 3-38 为镜面吊顶的几种面板与龙骨连接的构造示意。

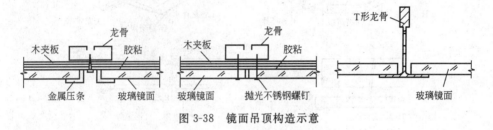

图 3-38　镜面吊顶构造示意

2.6　吊顶面层构造

吊顶面层材料种类很多，除抹灰类面层外其他均为装配式面层。吊顶面层所在的位置是由吊顶的造型形式和构造要求决定的，一般位于龙骨底部、顶部和镶嵌在龙骨中部，镶嵌又分为全部镶嵌和部分镶嵌，如图 3-39 所示。

2.6.1　面板与龙骨的连接

常用的面层有实木板、胶合板、纤维板、钙塑板、石膏板、塑料板、硅钙板、矿棉吸声板以及铝合金等轻金属板材，板材可分为大块或小块。面板与龙骨的连接方式取决于吊顶构造以及龙骨和面层的材料，通常面板与龙骨可采用钉、粘、搁、卡、挂等方式连接，如图 3-40 所示。

2.6.2　面板拼缝

饰面板的拼缝是影响吊顶面层装饰效果的一个重要因素。对一般板材有对缝、凹缝、盖缝等几种方式。

对缝是指板与板在龙骨处对接，多采用粘或钉的方法对面板进行固定，这种方法的拼缝易产生不平。

凹缝是在两块面板的拼缝处，利用面板的形状、厚度等作出的 V 形或矩形拼缝，凹缝的宽度不应小于 10mm，必要时，应采用涂颜色、加金属压条等方法处理，以强调线条及立体感。

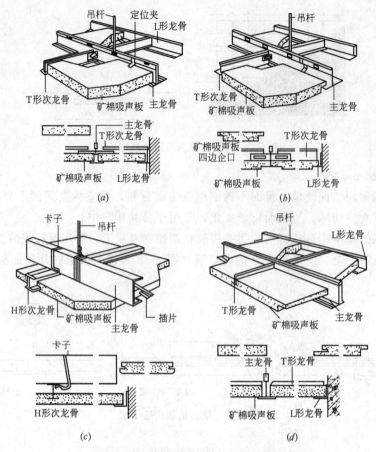

图 3-39 吊顶面层与龙骨位置示意图
(a)、(b)、(d) 全部镶嵌;(c) 位于龙骨底部

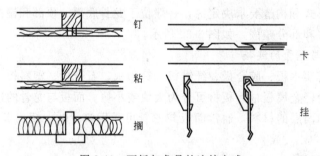

图 3-40 面板与龙骨的连接方式

盖缝是板材间的拼缝不直接显露,即利用龙骨的宽度或专门的压条将拼缝盖起来。这种方法可以弥补板材自身及施工时在拼缝处呈现的不足。

为了改变饰面板和龙骨的连接方式,及饰面板表面的效果,可通过对饰面板的边角进行不同的处理来满足,如图 3-41 所示。

2.6.3 实木饰面条板

实木饰面条板的常用规格为 90mm 宽 1.5~6.0m 长,成品有光边、企口和双面槽缝等种类,条板的结合形式通常有企口平铺、离缝平铺、嵌缝平铺和鱼鳞斜铺等多种形式如图 3-42 所示，其中离缝平铺的离缝约 10~15mm，在构造上除可钉接处，常采用凹槽边板，用隐蔽夹具卡住，固定在龙骨上，这种做法有利于通风和吸声，为了加强吸声效果还可在木板上加铺一层岩棉吸声材料。

人造木面板的铺设方式可视板材的厚度、饰面效果等有关情况确定。较厚的胶合板（包括填芯板）可直接整张铺钉在龙骨上，较薄的板材宜分割成小块的条板、方板或异形板铺钉在龙骨上，以获得所需的装饰效果，避免凹凸变形。

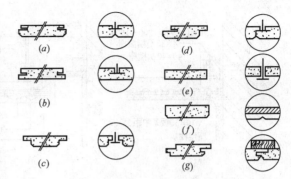

图 3-41 饰面板的边角处理
(a) 卡式倒角企口边角；(b) 卡式企口边角；
(c) 搁式倒角边角；(d) 混合式倒角边角；
(e) 搁式边角；(f) 粘式倒角边角；
(g) 钉式倒角企口边角

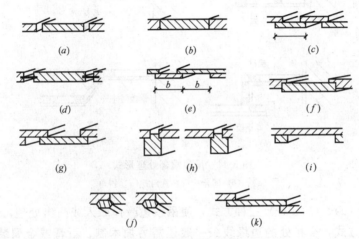

图 3-42 实木饰面条板结合形式
(a) 离缝平铺；(b)、(c)、(d) 搭盖；(e) 盖缝；(f) 鱼鳞平铺；(g) 企口嵌榫；
(h) 企口板；(i) 重叠搭接；(j) 推入盖缝；(k) 错口搭接

课题3 吊顶特殊部位的装饰构造

吊顶的特殊部位是指吊顶的端部、灯槽、风口、高低面变化处等部位。这些特殊的位置需要进行固定和装饰处理。吊顶特殊部位的处理，在吊顶装饰中尤为重要，处理的好坏直接影响吊顶的整体效果。

3.1 吊顶端部的构造处理

吊顶端部是指吊顶与墙体的交接部位。在吊顶与墙体交接处，吊顶边缘龙骨与墙体的固定方式因吊顶形式和类型的不同而不同，通常采用在墙内预埋钢件、螺栓或木砖，以及通过射钉连接和龙骨端部伸入墙体等构造做法，如图 3-43 所示。

考虑吊顶造型形式的美观和吊顶的装饰效果，吊顶端部可做各种造型处理，常见的造

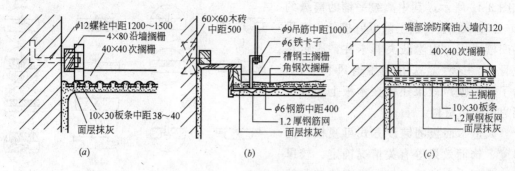

图 3-43 吊顶端部固定构造

型处理方式，如图 3-44 所示。

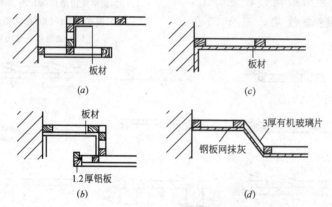

图 3-44 吊顶端部处理形式
(a)、(b) 凹角；(c) 直角；(d) 斜角

图 3-43 中 (a)、(b)、(c) 三种方式，使吊顶边缘作凹入或凸出处理，不需再做其他的处理，(d) 方式，交接处的边缘线条一般还需另加木制、石膏或金属装饰压条处理，可与龙骨相连，也可与墙内预埋件连接。图 3-45 所示的是边缘装饰压条的几种做法。

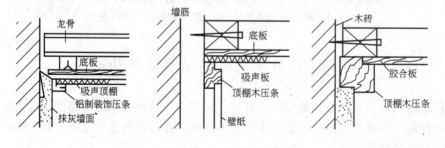

图 3-45 吊顶装饰压条

3.2 叠级吊顶的高低交接构造处理

为了满足特定的功能要求，吊顶常常要通过高低差变化来达到空间限定，丰富造型，满足音响、照明设备的安置及满足特殊效果的要求等目的。高低差构造处理的关键是吊顶棚不同标高的部分能够整体连接牢固，保证顶棚的整体刚度，避免因变形而导致的吊顶饰

面破坏。图 3-46 为叠级顶棚高低交接处典型构造做法。

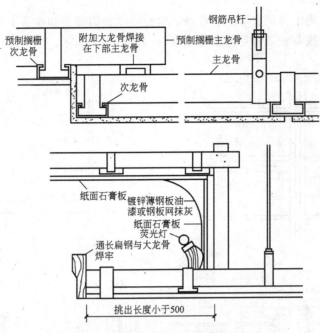

图 3-46 叠级吊顶的高低交接构造处理

3.3 吊顶检修孔及检修走道的构造处理

3.3.1 检修孔（上人孔）

吊顶检修孔是吊顶装饰的组成部分，对吊顶内设有设备以及管道的吊顶设置检修孔（上人孔）尤其重要，一般设置不少于两个检修孔。

检修孔的设置与构造处理，既要考虑检修的方便又要尽量隐蔽，以保持吊顶的完整

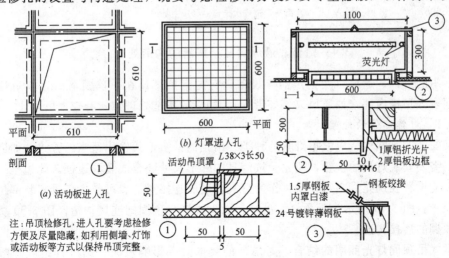

注：吊顶检修孔，进人孔要考虑检修方便及尽量隐蔽，如利用侧墙、灯饰或活动板等方式以保持吊顶完整。

图 3-47 检修孔构造示意图
（a）活动板式；（b）灯罩式

性。常用的有活动板式检修孔和灯罩式检修孔，其构造如图3-47所示。

3.3.2 检修走道

检修走道主要用于吊顶中灯具、设备、管道等设施的安装和检修中行走。因此，检修走道应靠近这些设施布置，常见做法如图3-48（a）、（b）所示。

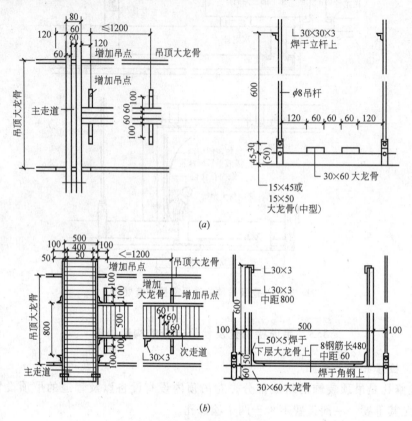

图 3-48 检修走道构造
（a）简易走道或次走道；（b）主走道

3.4 灯饰、通风口及扬声器的构造处理

吊顶中的灯饰、通风口及扬声器等设备，有的直接悬挂在吊顶棚下面（如吊灯等），有的必须嵌入顶棚内部（如通风口、灯带等）。相应的构造处理方式有较大区别。

3.4.1 灯饰部位的处理

灯具安装的基本构造应根据灯具的种类、吊顶的构造形式选用适当的方式。如嵌入式灯具，在需要安装灯具的位置，用龙骨按灯具的外形尺寸围合成孔洞边框。此边框（或灯具龙骨）应设置在次龙骨之间，既可作为灯具安装的连接点，也可作为灯具安装部位的局部补强龙骨。图3-49所示为吸顶灯、吊灯、嵌入式灯与顶棚的连接构造。图3-50所示为灯带与顶棚的连接构造。

开敞式吊顶同灯光照明的结合，对吊顶的装饰效果影响较大。用灯具组成开敞式顶棚，实际上是让灯具担当单体构件。然而，在满铺格栅的开敞式吊顶中，灯具的布置往往同灯具本身是单体构件的顶棚有较大的区别。灯具的布置，常用以下几种形式，如图3-

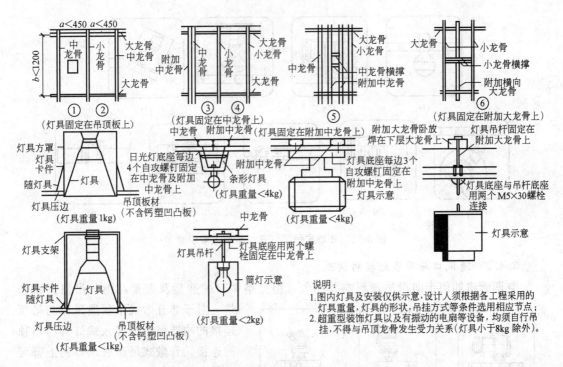

图 3-49 吸顶灯、吊灯、嵌入式灯与顶棚的连接构造

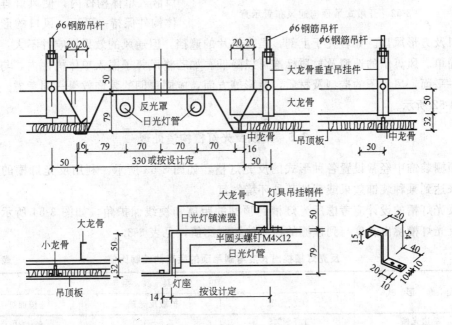

图 3-50 灯带与顶棚的连接构造

51 所示。

应该注意的是，在灯具的选择上，应尽可能使其外形尺寸与面板的宽度成一定的模数，以便施工。

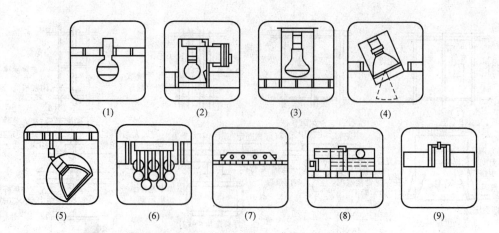

图 3-51 开敞式吊顶灯具与吊顶关系示意

3.4.2 通风口与吊顶连接的构造

空调管道如何走向对吊顶影响并不大，但是空调口的选型及布置，则与吊顶关系密切，对于非开敞式吊顶通风口与吊顶连接的构造可参考嵌入式灯具与吊顶的连接。开敞式吊顶通风口的上部可与吊顶保持一定的距离，也可以将风口嵌入单体构件内，使风口箅子与单体构件保持一平面。风口的形式有圆

图 3-52 开敞式吊顶与通风布置示意

形风口及方形风口。如若置于上部，虽有格片的遮挡，但通风的效果影响并不大，主要是安装简单。风箅子的选型及材质标准可以降低。如若将风箅子嵌入单体构件内，与吊顶面保持一平面，风箅子的造型及材质，色彩等方面，应同顶棚的装饰效果一同考虑。其布置如图 3-52 所示。

3.5 吊顶反光灯槽构造处理

顶棚装饰中经常设置各种形式的反光灯槽，如图 3-53 所示，利用反光灯槽的造型和灯光来达到某种装饰效果或营造某种环境气氛。

反光灯槽的设计应考虑反光灯槽到顶棚的距离和视线保护角，如图 3-54 所示。还应考虑反光灯槽挑出长度与到顶棚的距离的控制比值，见表 3-3。

反光灯槽挑出长度与到吊顶的距离的控制比值   表 3-3

光檐形式	灯具类型		
	无反光罩	扩散反光罩	镜面灯
单边光檐	1.7~2.5	2.5~4.0	4.0~6.0
双边光檐	4.0~6.0	6.0~9.0	9.0~15.0
四边光檐	6.0~9.0	9.0~12	15.0~20.0

灯具的布置应采取措施以避免房间内出现暗影。图 3-55 所示为常用的集中避免出现暗影的方法。

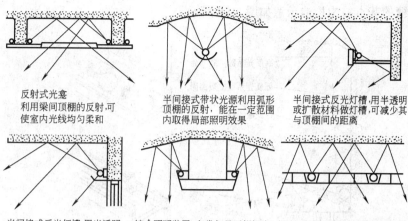

反射式光龛
利用梁间顶棚的反射,可使室内光线均匀柔和

半间接式带状光源利用弧形顶棚的反射,能在一定范围内取得局部照明效果

半间接式反光灯槽,用半透明或扩散材料做灯槽,可减少其与顶棚间的距离

半间接式反光灯槽,用半透明或扩散材料做灯槽,可减少其与顶棚间的间距

综合照明装置,各类灯具互相组合集中装设,较为经济适用

组合反光灯槽将反光槽组成图案,可增加室内的高度感

平行反光灯槽,灯槽开口方向与观众视线的方向相同时,可避免眩光

侧向反光灯槽应用墙面的反射做成侧向面光源,发光效率一般较高

半间接式吊灯用顶棚的曲折面及线脚分配反射光束,且有装饰效果

图 3-53 反光灯槽的形式

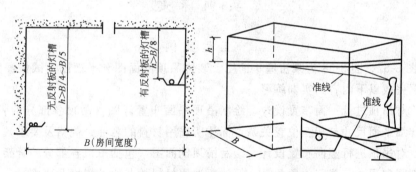

图 3-54 反光灯槽到吊顶的距离和视线保护角

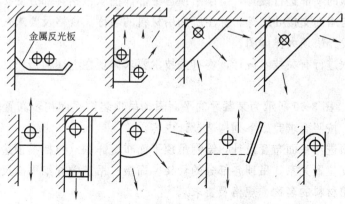

图 3-55 避免暗影的构造做法

反光灯槽的基本结构构造示意如图 3-56 所示。

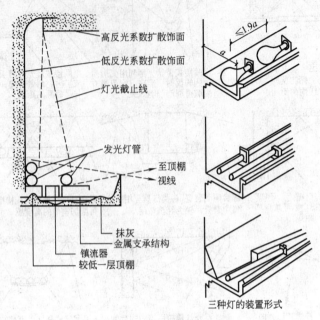

图 3-56　反光灯槽基本构造

实 训 课 题

工 程 实 例

1. 图 3-57、图 3-58 为某法庭平面图、装饰吊顶剖面图和平面图。试根据图中提供的有关数据完成以下内容的实训练习。

(1) 对吊顶进行平面布置设计，绘制吊顶平面布置详图（吊顶各部分的骨架、面板、吊点的详细平面尺寸与相互位置关系，标注所选用材料的名称、规格及要求）。

(2) 对吊顶进行竖向布置设计，绘制吊顶剖面图（包括吊顶各部分的骨架、面板、吊点的详细竖向尺寸与相互位置关系，标注所选用材料的名称、规格及要求）。

(3) 对吊顶的细部进行设计，绘制吊顶各细部详图（包括各部分交接处理、灯具与吊顶连接、吊顶与墙面交接处理等，标注所选用材料的名称、规格及要求）。

(4) 绘制发光吊顶大样详图。

(5) 对吊顶进行有关技术设计，将有关技术要求体现在上述构造设计中，并加注设计说明。

2. 图 3-59、图 3-60 所示为某餐厅的平面图和吊顶装饰平面初步布置图，试根据图中所提供的尺寸，按照要求完成下列构造设计内容：

(1) 对吊顶进行平面布置设计，绘制吊顶平面布置详图（包括吊顶造型各部分的详细平面尺寸与相互位置关系，吊顶各部分的骨架、面板、吊点的详细平面尺寸与相互位置关系，标注所选用材料的名称、规格及要求）。

(2) 对吊顶进行竖向布置设计，绘制吊顶剖面图（包括吊顶造型各部分的详细竖向尺

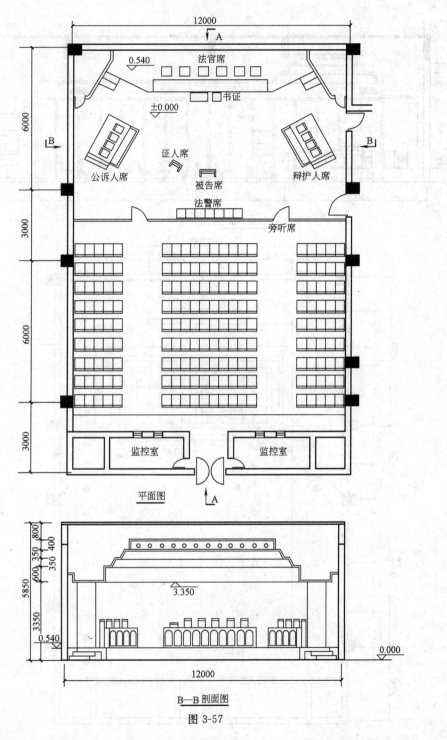

图 3-57

寸、标高与相互位置关系，吊顶各部分的骨架、面板、吊点的详细竖向尺寸与相互位置关系，标注所选用材料的名称、规格及要求）。

(3) 对吊顶的细部进行设计，绘制吊顶各细部详图（包括各部分交接处理、灯具与吊顶连接、吊顶与墙面交接处理等，标注所选用材料的名称、规格及要求）。

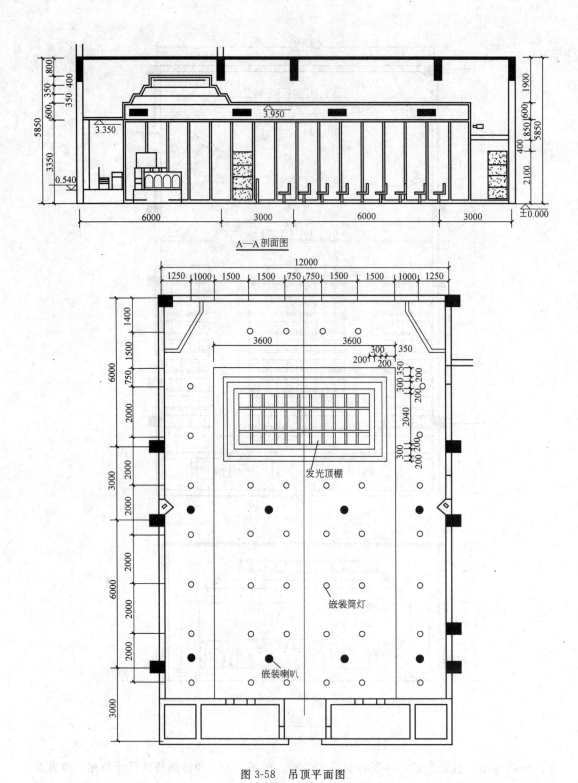

图 3-58 吊顶平面图

(4) 对吊顶进行有关技术设计,将有关技术要求体现在上述构造设计中,并另加注设计说明。

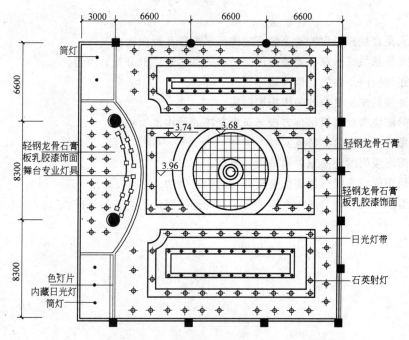

图 3-59 宴会厅吊顶图

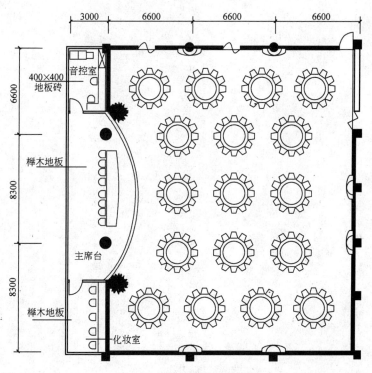

图 3-60 宴会厅平面布置图

81

思考题与习题

1. 什么是直接式吊顶？常见的直接式吊顶有哪几种做法？
2. 什么是悬吊式吊顶？简述悬吊式吊顶的基本组成部分及其作用。
3. 简述钢板网吊顶的装饰构造做法。
4. 简述轻钢龙骨吊顶的装饰构造做法。
5. 用简图说明金属板吊顶方板与条板交接处的构造做法。
6. 开敞式吊顶有哪些特点？
7. 用简图说明发光吊顶的构造设计要点。
8. 用简图说明叠级吊顶高低交接处理的构造做法。
9. 小型嵌入式灯具、嵌入式灯带与吊顶的连接固定构造有何不同？

单元 4 吊顶工程施工

知 识 点：

1. 吊顶工程施工前的准备工作。
2. 木龙骨吊顶施工。
3. 轻钢龙骨吊顶施工。
4. 铝合金龙骨吊顶施工。

教学目标：

通过本单元知识点的学习，了解吊顶工程施工前的准备工作和木龙骨吊顶施工工艺，掌握轻钢龙骨吊顶的施工工艺和铝合金龙骨吊顶施工工艺。

课题 1 吊顶工程施工准备工作及作业条件

1.1 施工准备工作的重要性及基本要求

1.1.1 施工准备工作的重要性

施工前的准备工作是为了保证工程顺利开工和施工活动正常进行而必须事先做好的各项工作。吊顶工程的施工前的准备工作，是吊顶施工活动能否正常进行的必不可少的一项工作，它包括组织准备、物资准备、技术准备等方面的内容。

施工准备工作是建筑工程施工的重要阶段，是为了创造有利的施工条件，保证施工能又快、又好、又省地实施的必要手段。其重要性如下：

1) 施工准备工作是建筑业施工企业生产经营管理的重要组成部分。现代企业管理理论认为，企业管理的重点是生产经营，而生产经营的核心是决策。施工准备工作作为生产经营管理的重要组成部分，对拟建工程目标、资源供应和施工方案及其空间布置和时间排列等诸方面进行了选择和施工决策。它有利于企业搞好目标管理，推行技术经济责任制。

2) 施工准备工作是建筑施工程序的重要阶段。现代工程施工是十分复杂的生产活动，其技术规律和市场经济规律要求工程施工必须严格按照建筑施工程序进行。施工准备工作是保证整个工程施工和安装顺利进行的重要环节，可以为拟建工程的施工建立必要的技术和物质条件，统筹安排施工力量和施工现场。

3) 做好施工准备工作，降低施工风险。由于建筑产品及其施工生产的特点，其生产过程受外界干扰及自然因素的影响较大，因而施工中可能遇到的风险较多。只有根据周密的分析和多年积累的施工经验，采取有效防范控制措施，充分做好施工准备工作，才能加强应变能力，从而降低风险损失。

4) 做好施工准备工作，提高企业综合经济效益。认真做好施工准备工作，有利于发挥企业优势，合理供应资源，加快施工进度、提高工程质量、降低工程成本、增加企业经济效益、赢得企业社会信誉,实现企业管理现代化,从而提高企业综合经济效益。

实践证明,只有重视且认真细致地做好施工准备工作,积极为工程项目创造一切施工条件,才能保证施工顺利进行。否则,就会给工程的施工带来麻烦和损失,以致造成施工停顿、质量安全事故等恶果。

1.1.2 基本要求

(1) 施工准备工作应有组织、有计划、分阶段、有步骤地进行

1) 建立施工准备工作的组织机构,明确相应管理人员;

2) 编制施工准备工作计划表,保证施工准备工作按计划落实;

3) 将施工准备工作按工程的具体情况分期、分阶段、有步骤进行。

(2) 建立严格的施工准备工作责任制及相应的检查制度

由于施工准备工作项目多、范围广,因此必须建立严格的责任制,按计划将责任落实到有关部门及个人,明确各级技术负责人在施工准备工作中应负的责任,使各级技术负责人认真做好施工准备工作。

在施工准备工作实施过程中,应定期进行检查,检查的目的在于督促、发现薄弱环节、不断改进工作。检查内容是:主要检查施工准备工作计划的执行情况。如果没有完成计划的要求,应进行分析,找出原因,排除障碍,协调施工准备工作进度或调整施工准备工作计划。检查的方法可采用实际与计划对比法,或采用相关单位人员割分制,检查施工准备工作情况,当场分析产生问题的原因,提出解决问题的方法。后一种方法解决问题及时见效快,现场常采用。

(3) 施工准备工作必须贯穿施工全过程

施工准备工作不仅要在开工前集中进行,而且工程开工后,也要及时、全面地做好各施工阶段的准备工作,贯穿在整个施工过程中。

(4) 施工准备工作要取得各协作相关单位的友好支持与配合

由于施工准备工作涉及面广,因此,除了施工单位自身努力做好外,还要取得建设单位、监理单位、设计单位、供应单位、银行、行政主管部门、交通运输单位等的协作,以及相关单位的大力支持,步调一致,分工负责,共同做好施工准备工作。以缩短开工施工准备工作的时间,争取早日开工,施工中密切配合、关系融洽,保证整个施工过程顺利进行。

1.2 施工前的准备工作

1.2.1 技术准备

技术准备是施工准备的核心。具体内容如下:

(1) 熟悉、审查施工图纸和有关设计资料

1) 审查设计图纸是否完整、齐全;设计图纸和资料是否符合国家有关工程建设的设计、施工方面的方针和政策,与相应规范是否一致;

2) 审查设计图纸与说明在内容上是否一致;设计图纸与其各组成部分之间有无矛盾和错误;

3) 审查图纸在几何尺寸、标高、说明等方面是否一致,技术要求是否正确;

4) 明确工程结构形式和特点,审查设计图纸中的工程复杂、施工难度大和技术要求

高的分项工程或新材料、新工艺；检查现有施工技术水平和管理水平能否满足工期和质量要求，采取可行的技术措施加以保证；

5) 了解材料设备需求情况；工程所用的主要材料、设备的数量、规格、来源和供货日期；

6) 了解施工中各单位之间的协作、配合关系；了解施工中可以提供的施工条件以及技术条件。

(2) 编制施工图预算和施工预算

1) 编制施工图预算。这是按照工程预算定额及其取费标准确定的有关工程造价的经济文件，它是施工企业签订工程承包合同、工程结算、建设银行拨付工程价款、进行成本核算、加强经营管理等方面工作的重要依据。

2) 编制施工预算。施工预算是根据施工图预算、施工定额等文件，结合施工企业自身情况进行编制的，它直接受施工图预算的控制。它是施工企业内部控制各项成本支出、考核用工、"两算"对比、签发施工任务单、限额领料、基层进行经济核算的依据。

(3) 编制施工组织设计

施工组织设计是指导施工的重要技术经济文件。它从组织方面对施工进行统筹安排，合理规划；在技术方面优选施工顺序和施工方法，制定各项具体措施，确保施工顺利完成。

吊顶工程技术准备工作除上述几个大的方面外，在具体施工前还应做好以下施工准备工作（这部分内容为吊顶施工前的通用工作）：

1) 选料：吊顶木龙骨（格栅）的用料，应进行认真筛选，对有腐蚀、斜口开裂、虫蛀孔等缺陷的木料可剔除，或对缺陷部位进行局部处理和加固，也可切除缺陷部位，改作小龙骨。

2) 用料估算：木龙骨用料估算通常按其规格估算其长度，即根据吊顶房间的尺寸以及骨架的形式、龙骨的间距计算龙骨用料，并根据房间的长宽尺寸合理选择料长，估算所需各种规格龙骨的规格。

饰面板的估算应根据房间的长宽尺寸、材料的规格以及面板的安装方式，估算所需的张数或块数。对于板块式饰面板，在估算时应扣除饰面板之间的间隙。

3) 放线：按设计要求应在吊顶房间的竖向结构面和楼板底部弹放标高线、吊顶造型位置线、吊挂点布局线、大中型灯位线。详细做法如下：

标高线的做法：

① 根据室内墙上50cm水平线，分别在房间四角用尺量至顶棚的设计标高点，并据此点在四周墙上弹出吊顶四周的标高线。弹线应清楚，位置准确，其水平允许偏差±5cm。

② 水法：用一条塑料透明软管灌满水后，将软管两端抬起，使一端水平面对准墙面上的高度线，再利用软管另一端头内水面，在同侧墙面找出高度线的另一点。其方法是当软管两端头内水平面静止在同一平面时，画出该点的水平位置，再将这两点连一直线，即得吊顶高度水平线（图4-1）。用同样的方法在其他墙面上同样可以做出高度水平线。

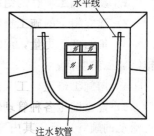

图4-1 水平标高线做法

造型位置线的做法：

① 规则室内空间造型位置线做法：先从一个墙面量出吊顶造型位置距离，并按该距离画出与墙面平行的直线。用相同方法，再从另外两个墙面画出直线，则画出吊顶造型外框位置线。再根据此外框线，在墙面上逐步画出造型的各个局部。

② 不规则室内空间造型位置线做法：对不规则的室内来说，主要是墙面不垂直相交，或者是有的墙面不垂直相交。画吊顶造型线时，应从与造型线平行的那个墙面开始测量距离，并画出造型线，再根据此条造型线画出整个造型线位置，或是用找点法先在施工图上量出造型外框线距墙面的距离，然后再量出各墙面距造型边线的各点距离，将各点连线则得出吊顶造型线。

吊点位置的确定：

① 平顶吊顶的吊点，一般间距为1m左右一个均匀布置。

② 有迭级造型的吊顶（迭级，即吊顶两个表面不在同一平面上），应在迭级交界处布置吊点，两点间距为0.8～1.2m。

③ 吊杆距主龙骨端部距离不得超过300mm，否则应增设吊杆。

④ 较大的灯具应单独安排吊点来吊挂。

⑤ 一般木吊顶不上人，若要上人，除加大龙骨外，应适当加密吊点，且吊点要进行加固处理。

4) 吊顶内管线设施安装：应安排在吊顶施工过程中，即吊顶面层施工之前，各专业的管线设施应按吊顶的标高控制，按专业施工图安装完毕，并经打压试验和隐检验收。

1.2.2 物资准备

根据各种物资的需要计划，分别落实货源，安排运输和储备，使其满足连续施工的要求。物资准备主要包括材料、构（配）件和制品、机具和生产工艺设备。具体内容可包括如下内容：

1) 落实各种材料来源，办理定购手续；对特殊的材料，应尽早确定货源或者安排生产；

2) 提出各种材料的运输方式、运输工具、分批按计划进入现场的数量，各种物资的交货地点、方式；

3) 施工设备、机械的安装与调试；

4) 规划堆放材料、构件、设备的地点，对进场材料严格验收，查验有关文件。

1.2.3 劳动组织准备

劳动组织准备工作的内容如下：

1) 建立施工项目的组织机构；

2) 建立精干的施工班组；

3) 集结施工力量，组织劳动力进场，进行安全、防火和文明施工等方面的教育，安排好职工的生活；

4) 向施工班组、工人进行施工组织设计、计划和技术交底；

5) 建立健全各种管理制度。工地的各项管理制度是否建立、健全，直接影响各项施工活动的顺利进行。其内容通常有：工程质量检查与验收制度；工程技术档案管理制度；材料（构件、配件、制品）的检查验收制度；技术责任制度；施工图纸学习与会审制度；

技术交底制度；职工考勤、考核制度；工地及班组经济核算制度；材料出入库制度；安全操作制度；机具使用保养制度等。

1.2.4 施工现场准备

1）做好施工场地的控制网测量；
2）搞好"三通一平"，即路通、水通、电通和平整场地；
3）建造临时设施；
4）安装、调试施工机具；
5）做好构（配）件、制品和材料的储存和堆放；
6）及时提供材料的试验申请计划；
7）设置消防、保安设施。

1.3 作业条件

吊顶工程施工必须具备相应的条件，这些条件对于吊顶的施工质量以及对其他工程的影响都非常重要。其作业条件如下：

1）现浇钢筋混凝土板或预制楼板板缝中，按设计预埋吊顶固定件，如设计无要求时，可预埋 $\phi 6$ 或 $\phi 8$ 钢筋，间距根据主龙骨或搁栅的间距而定，一般为1000mm左右。
2）墙为砌体时，应根据吊顶标高，在四周墙上预埋固定龙骨的木砖或预留固定龙骨的孔洞。
3）吊顶内的各种管线、设备及其他设施，均应安装完毕，采暖管、水管等试压完毕，并办理验收手续，建筑结构已经验收并符合质量要求。
4）直接接触建筑结构的木龙骨，应预先做好防腐处理。
5）吊顶的房间应做完墙面及地面等湿作业和屋面防水等工程。
6）搭好吊顶施工所需的操作平台架。

课题2 木龙骨吊顶施工

木龙骨吊顶是指基层材料为木龙骨的吊顶，面板材料可以是天然木板、人造木板或其他饰面材料。木龙骨吊顶具有许多优点，可以就地取材；易于加工；质轻而强度高；能承受冲击和振动的外力；大部分木材还有美丽的纹理，适于用作装饰。但木龙骨吊顶也有许多缺点，除防火性能差之外，木材本身也有一定的缺点，如构造不均匀，易随空气的温度和湿度的变化，而导致尺寸形状及强度的改变，引起裂缝和翘曲，易腐朽及虫蛀等。

2.1 平面式木吊顶施工工艺

2.1.1 工艺流程

安装吊点紧固件→固定边龙骨→刷防火涂料→整体调整→拼接木搁栅→分片吊装→吊点固定→分片间连接→预留孔洞→龙骨调整→安装胶合板→后期处理。

2.1.2 安装吊点紧固件

（1）用冲击电钻在建筑结构底面按设计要求打孔，下膨胀螺栓。其孔径和长度见表4-1。

金属膨胀螺栓的使用规定　　　　　　　表 4-1

	螺栓规格	M6	M8	M10	M12	M16	备 注
使用规定	钻孔直径(mm)	8.5	10.5	14.5	16.5	21	左列数据系膨胀螺栓与不低于 C15 混凝土锚固时技术参考数据
	钻孔深度(mm)	40	50	60	75	100	
	允许拉力(N)	2400	4400	7000	10300	19400	
	允许剪力(N)	1800	3300	5200	7400	14400	

(2) 用直径必须大于 5mm 的射钉，将角铁等固定在建筑底面上。

(3) 利用事先预埋的吊筋固定吊点。

2.1.3 沿吊顶标高线固定沿墙边龙骨

(1) 混凝土墙面，可用水泥钉将木龙骨固定在墙面上。

(2) 砖墙面，先用冲击钻在墙面标高线以上 10mm 处打孔（孔的直径应大于 12mm），在孔内钉木楔，木楔的直径要稍大于孔径，木楔要钉牢，木楔和墙面应保持在同一平面，木楔间距为 0.5~0.88m。然后将边龙骨用钉固定墙上。边龙骨断面尺寸应与吊顶木龙骨断面尺寸一样，边龙骨底边与吊顶标高线应一致。

2.1.4 刷防火涂料

木吊顶龙骨筛选后要刷两遍防火涂料，待晾干后备用。

2.1.5 在地面拼接木搁栅（木龙骨架）

1) 先把吊顶面上需分片或可以分片的尺寸位置定出，根据分片的尺寸进行拼接前安排。

2) 拼接接法：将截面尺寸为 25mm×30mm 的木龙骨，在长木方向上按中心线距 300mm 的尺寸开出深 15mm，宽 25mm 的凹槽，然后按凹槽对凹槽的方法拼接，在拼口处用小圆钉或胶水固定，如图 4-2 所示。

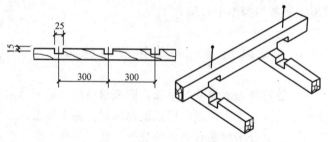

图 4-2 长木方向开槽及固定方法

通常是先拼接大片木格栅，再拼接小片木格栅，但木格栅最大片不能大于 $10m^2$，如图 4-3 所示。

2.1.6 分片吊装

1) 平面吊顶的吊装先从一个墙角位置开始，将拼接好的木搁栅托起至吊顶标高位置。对于高度低于 3.2m 的吊顶木搁栅，可在木搁栅举起后用高度定位杆支撑，如图 4-4 所示。使搁栅的高度略高于吊顶标高线，高度高于 3.2m 时，则用钢丝在吊点上做临时固定。

2) 用棒线绳或尼龙线沿吊顶标高线拉出平行和十字交叉的几条标高基准线，作为吊顶安装的平面基准线。

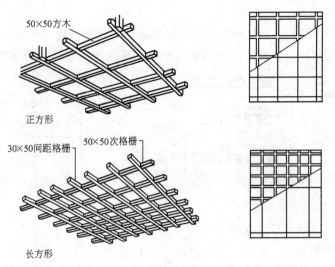

图 4-3 木格栅拼接示意图

3)然后将托起的木搁栅慢慢向下移动,使搁栅与平面基准线平齐。待整片木搁栅调平后,将木搁栅靠墙部分与沿墙边龙骨钉接,再用吊杆与吊点固定。

2.1.7 吊顶固定

吊顶固定有三种方法,如图 4-5 所示。

1)用木方固定:先用木方按吊点位置固定在楼板或层面板的下方,然后,再用吊筋木方与固定在建筑顶面的木方钉牢。吊筋长短应大于吊点与木搁栅表面之间的距离 100mm 左右,便于调整高度。吊筋应在木龙骨的两侧固定后再截去多余部分。吊筋与木龙骨钉接处每处不许少于两只钢钉。如木龙骨搭接间距较小,或钉接处有劈裂、腐朽、虫眼等缺陷,应换掉或立刻在木龙骨的吊挂处钉挂上 200mm 长的加固短木方。

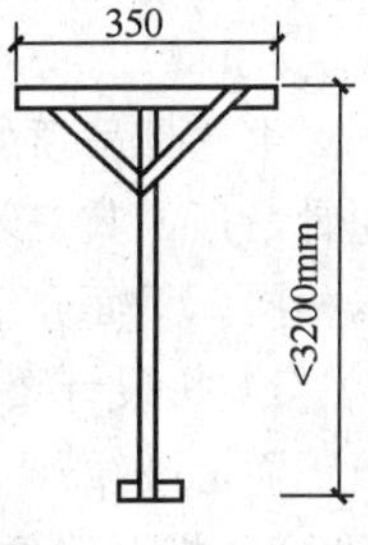

图 4-4 高度定位杆

图 4-5 吊杆固定方法

2)用角钢固定:在需要上人和一些重要的位置,常用角钢做吊筋与木搁栅固定连接。其方法是在角钢的端头钻 2~3 个孔做调整。角钢在木搁栅的角位上,用两只木螺钉固定。

3)用扁钢固定:将扁钢的长短先测量截好,在吊点固定端钻出两个调整孔,以便调整木搁栅的高度。扁钢与吊点件用 M6 螺栓连接,扁钢与木龙骨用 2 只木螺钉固定。扁钢端头不得长出木搁栅下平面。

2.1.8 分片间的连接

1)两分片木搁栅在同一平面对接。先将木搁栅的各端头对正,然后用短木方进行加固。加固的方法可在左右两侧用短木梆接(图 4-6)。对于重要部位或有上人要求的吊顶,应用铁件进行连接加固。

2) 分片木格栅不在同一平面时，平面吊顶处于高低面连接。先用一条木方斜位地将上下两平面木格栅定位。再将上下平面的木格栅用垂直的木方条固定连接（图4-7）。

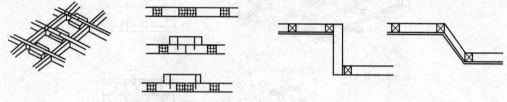

图4-6 在同一平面分片骨架的连接　　　图4-7 迭级吊顶的连接

2.1.9 预留孔洞

预留灯光盘、空调风口、检修孔位置。

2.1.10 整体调整

各个分片木搁栅连接加固完后，在整个吊顶面下用尼龙线或棒线拉出十字交叉标高线，检查吊顶平面的平整度，吊顶应起拱，7～10m跨度按3/1000的起拱；10～15m跨度按5/1000起拱。

2.1.11 安装饰面板

木龙骨吊顶的饰面板除天然木板、人造木板外，第二单元中介绍的饰面板均适用于木龙骨吊顶，其安装方法主要有钉（钢钉、气钉、木螺钉）、粘、搁、卡等，其操作工艺基本相同。下面介绍胶合板的安装工艺，其他安装方法的操作可参照此工艺。

1) 按设计要求将挑选好的胶合板正面向上，按照木搁栅分格的中心线尺寸，在胶合板正面上画线。

2) 板面倒角：在胶合板的正面四周按宽度为2～3mm刨出45度倒角。

3) 钉胶合板：将胶合板正面朝下，托起到预定位置，使胶合板上的画线与木搁栅中心线对齐，用铁钉固定。钉距为80～150mm，钉长为25～35mm，钉帽应砸扁钉入板内，钉帽进入板面0.5～1mm，钉眼用油性腻子抹平。

4) 固定纤维板：钉距为80～120mm，钉长为20～30mm，钉帽进入板面0.5mm，钉眼用油性腻子抹平。硬质纤维板用前应先用水浸透，自然阴干后安装。

5) 胶合板、纤维板、木丝板要钉木压条，先按图纸要求的间距尺寸在板面上弹墨线，以墨线为准，将压条用钉子左右交错钉牢，钉距不应大于200mm，钉帽应砸扁顺着木纹打入木压条表面0.5～1mm，钉眼用油性腻子抹平。木压条的接头处，用小齿锯割角，使其严密平整。

6) 后期处理。按设计要求进行刷油，裱糊，喷涂。

2.2 单体和多体构成木吊顶施工工艺

单体构成吊顶是以一种形体的构件组装成吊顶。多体构成吊顶是以两种及其以上形体的木构件组装成吊顶（图4-8、图4-9）。

单体和多体木吊顶一般不需用龙骨，单体构件木身即是装饰构件，同时也能承受木身自重。所以，可直接将单体构件同建筑层底吊接。

单体和多体吊顶又分为开敞式与封闭式两种。所谓开敞式就是吊顶面不封闭，可透过

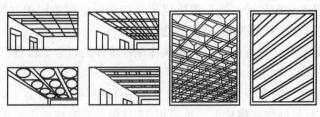

图 4-8 木制单体构件吊顶的式样

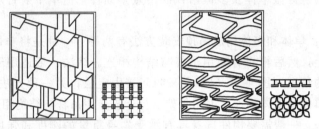

图 4-9 木制多体构件吊顶的式样

吊顶看到吊顶以上的建筑结构和设备，封闭式则相反。

2.2.1 工艺流程

基层处理→放线→地面拼装→构件吊装→整体调整及饰面处理

2.2.2 工艺详解

(1) 基层处理

对开敞式吊顶，吊顶以上部分要进行涂刷黑漆处理或者依设计要求的色彩进行涂刷处理。

(2) 放线

放线包括：标高线、吊挂布局线、分片布置线。放线的方法与步骤同平面式吊顶。但分片布置线一般先从室内吊顶直角位置开始逐步展开。吊挂点的布局需根据分片布置线来设定，分片布置线是根据吊顶的结构形式、材料尺寸和材料刚度确定的，分片大小和位置，应使单体和多体吊顶的分片材料受力均匀。

(3) 地面拼装

1) 根据施工图所设计的单体和多体结构式样，以及材料品种进行拼装。常见的单体结构有单板方框式、骨架单板方框式、单条板式等。常见的多体结构有单条板与方板组合式、六角框与方框组合式、方圆体组合式、多角框与方框组合式等（图 4-10）。

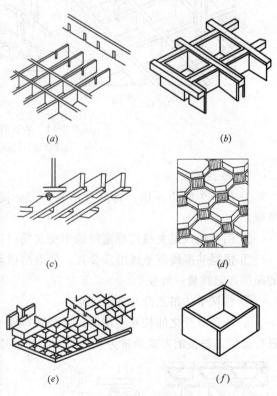

图 4-10 拼接组合体
(a) 单板方框式；(b) 骨架单板方框式；(c) 单条板式；
(d) 多角框与方框组合式；(e) 格栅拼接构造；
(f) 短板对缝固定

2) 待单体本身连接牢固后,进行单体组装,组装时应用相同的材料将单体多角相互连接,在连接处用钉和胶粘剂 309、408 粘结。

3) 对拼接好的组合体进行检查,并用铁件在各单体的组合部位进行加固。

(4) 构件吊装

1) 吊杆固定:在混凝土板和钢筋混凝土梁底吊杆悬挂点的位置上,采用冲击钻打眼固定膨胀螺栓,然后吊杆焊在螺栓上,也可用 18 号钢丝系在螺栓上,作为吊挂件的吊点,也可用尾部带孔的射钉做单体及多体吊顶的吊点紧固件,但单个射钉承重量不应超过每 $1m^2$ 50kg。

2) 吊装方法:单体和多体构成吊顶安装方法有两种:一种是将单体或多体的构件固定在可靠的骨架上,然后再将骨架用吊杆与结构相连。该法一般适用于构件本身刚度不够、稳定性较差的情况(图 4-11 (b)),又叫间接固定法;另一种方法,是对于用轻质、高强材料制成的单体及多体构件,不用骨架支持,直接用吊杆与结构相连,并固定在吊点处。这种吊装方法,一般需要构件自身具有承受本身重量的刚度和强度(图 4-11 (a)),又叫直接固定法。

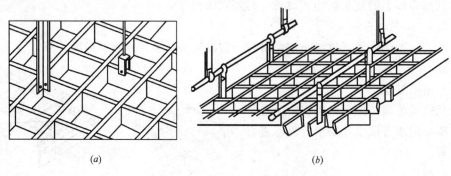

图 4-11 吊顶固定示意图
(a) 直接固定法;(b) 间接固定法

3) 吊装要点:

① 从一个墙角开始,将分片吊顶托起,高度略高于标高线,并临时固定该分片吊顶架。

② 用棒线或尼龙线沿标高线拉出交叉的吊顶平面基准线。

③ 根据基准线调平该吊顶分片。如果吊顶面积大于 $1000m^2$ 时,可以使吊顶面有一定的起拱,起拱量一般在 2000:1.5 左右。

④ 将调平的吊顶分片进行固定。

⑤ 吊顶分片之间相互连接时,首先将两个分片调平,使拼接处对齐,再用连接铁件进行固定。拼接的方式通常为直角拼接和顶边连接,如图 4-12 所示。

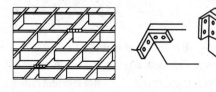

图 4-12 分片连接

(5) 整体调整及饰面

1) 沿标高线拉出多条平行或垂直的基准线,根据基准线进行吊顶面的整体调整,并检查吊顶面的起拱量是否符合要求。

2) 检查吊顶各部位安装情况及布局情况,

对单体本身因安装产生的变形,要进行校正。

3)检查各连接部位的固定件是否可靠,对一些受力集中的部位,应进行加固。

课题 3　轻钢龙骨吊顶施工

轻钢龙骨吊顶是指吊顶基层材料为轻型型钢的吊顶。轻钢龙骨有 U、C、L 形、T、L 形和 H、T、L 三大系列,各系列龙骨材料的具体特点、构造详见第三单元相关内容。本课题将详细介绍轻钢龙骨吊顶的种类、选材、施工以及质量和安全要求等内容。

3.1　轻钢龙骨吊顶的种类及材料选择

3.1.1　轻钢龙骨吊顶的种类

轻钢龙骨有 U、C、L 形、T、L 形和 H、T、L 三大系列,轻钢龙骨吊顶根据是否承受吊顶自重以外的荷载,分为承载龙骨的吊顶和无承载龙骨的吊顶;根据面板是否活动,轻钢龙骨吊顶分为活动罩面板吊顶和固定罩面板吊顶;根据龙骨是否可见,轻钢龙骨又分为明龙骨吊顶和暗龙骨吊顶。由此可见,轻钢龙骨吊顶有多种形式,其分类介绍如下:

(1) 按组成吊顶轻钢龙骨骨架的品种分类

1) 承载龙骨的吊顶(图 4-13):是指能够承受本身自重之外的其他荷载的吊顶。承载龙骨吊顶按有无横向分布的覆面龙骨来分有:横向分布覆面龙骨的吊顶和无横向分布覆面龙骨的吊顶。

有横向分布覆面龙骨的吊顶的特点为:由于有承载龙骨,所以能够承受除了吊顶本身自重之外的附加荷载(如上人检修或吊挂设备等);此外,因覆面龙骨既有纵向分布的,还有横向分布的(横向分布的覆面龙骨是通过采用龙骨支托将其与纵向分布的覆面龙骨在一个平面上相互连接),所以该种吊顶的稳定性好;同时纸面石膏板的长边可以用自攻螺钉固定在横向分布的覆面龙骨上,使得板缝牢固可靠。其缺点是:由于采用横向分布的覆面龙骨,所以需要将横向分布的覆面龙骨切割成等长的小段,以便用龙骨支托将其嵌装于相邻的纵向分布的覆面龙骨之间,这势必要增加覆面龙骨和龙骨支托的用量,增加了吊顶工程材料费用和施工时间。因此,一般在无特殊要求的情况下,通常不采用该种形式的吊顶。

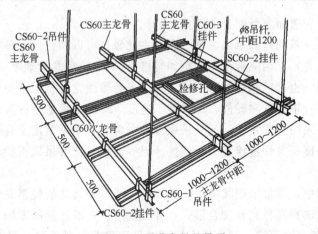

图 4-13　承载龙骨的吊顶

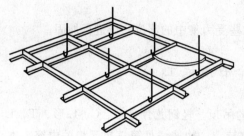

图4-14 无承载龙骨的吊顶

2)无承载龙骨的吊顶(图4-14):该种形式的吊顶其轻钢龙骨骨架不采用承载龙骨,而仅采用覆面龙骨,覆面龙骨是通过吊挂件直接与楼板相连接。

该种形式吊顶的特点是:既满足了吊顶装修的需要,又节省了大量的承载龙骨及吊件,而且施工较快,较多地降低了吊顶工程造价。

缺点是:不能承受上人检修或吊挂设备等附加荷载。当然,固定的附加荷载,可以在该荷载所在的位置,通过必要的加强措施来保证吊顶的可靠性。

因此,该种形式的吊顶也较为普遍地应用。

(2)按面板的长边与覆面龙骨长度方向之间的相互位置分类

1)面板横向固定吊顶,即面板长边垂直于覆面龙骨的长度方向。

2)面板纵向固定吊顶,即面板长边平行于覆面龙骨的长度方向。

3.1.2 龙骨的选择

(1)承载龙骨规格的选择

在吊顶工程中,根据吊顶所承受的荷载情况来选择采用的龙骨规格是关系到吊顶工程质量好坏、造价高低的重要因素。在设计中,有时除了考虑吊顶本身的自重之外,通常还要考虑到上人检修、吊挂灯具等设备的集中附加荷载。合理地选择吊顶轻钢龙骨的规格,是在满足吊顶的使用要求前提下,降低工程造价,加快工程进度的重要环节。作为承载龙骨通常选择U形龙骨,吊顶承受荷载能力与轻钢龙骨规格之间的关系,参见表4-2。

吊顶承受荷载能力与轻钢龙骨规格之间的关系　　　表4-2

吊顶荷载	承载龙骨规格	备注
吊顶自重+80kg附加荷载	60	
吊顶自重+50kg附加荷载	50	仅供参考
吊顶自重	38	

(2)承载龙骨和覆面龙骨配合的选择

任何一种规格(系列)的承载龙骨(亦称主龙骨)可以和任何一种规格(系列)的覆面龙骨(亦称次龙骨)互相配合使用。例如规格为60的承载龙骨既可以和规格为60的覆面龙骨相配合使用,也可以和规格为50、45或38的覆面龙骨相配合使用。

基于节省吊顶轻钢龙骨和配件,加快施工速度,降低工程造价的考虑,近年来有的吊顶轻钢龙骨骨架不采用承载龙骨,而只采用覆面龙骨。只采用覆面龙骨的吊顶,其吊顶骨架是通过吊挂件将覆面龙骨直接与吊杆连接。但要注意,此种吊顶不能承受上人检修以及附加载荷。

在设计和应用中,常常采用其中的一种、两种或三种规格的轻钢龙骨来组成吊顶的轻钢龙骨骨架。具体选择哪种龙骨配合形式,并无规定。一般选择的原则是:

1)满足吊顶的力学要求。就是说应根据对吊顶的龙骨骨架的承受荷载的要求,如要求承受上人检查的荷载，或承受较重的灯具、饰物等，那就要除了考虑吊顶板材和龙骨骨架的自重之外，还要考虑这些附加的荷载。那就要选择具有承重龙骨的吊顶配合形式及结构；

2）吊顶的表面形式。根据吊顶表面龙骨显现与否来分可分为明龙骨吊顶和暗龙骨吊顶两种。一般大幅面板材吊顶均做成暗龙骨吊顶，所以龙骨的布局只要满足对其力学要求即可。而对于小幅面板材吊顶，不但要考虑对龙骨骨架的力学要求，又要考虑板材在覆面龙骨上的紧固。

总之，应在满足对吊顶的力学要求和表面形式要求的前提下，应尽量减少龙骨的用量和配套材料。

3.1.3 面板材料的选择

合理地选择吊顶面板材料的品种、规格是吊顶工程中的一项很重要环节。选用的面板材料在满足对吊顶的设计要求和使用性能要求的前提下，应尽量降低吊顶工程的造价。以纸面石膏板为例，从面板的厚度上来看，价格随厚度增大而增加；从品种上来看，普通面板价格最低，耐火面板次之，耐水最贵。

（1）品种的选择

对于一般的室内吊顶，通常选择普通面板；对于厨房、卫生间以及环境湿度较高的吊顶，通常选择防水面板；对于建筑的耐火性能要求较高的吊顶，通常选择耐火面板。

（2）规格的选择

在选择吊顶的面板规格时，通常在满足设计的力学性能和龙骨布局的合理性的前提下，应尽量选择幅面较大的板材，这样可以减少板与板之间所形成的板缝总长度，节省紧固板缝所需的自攻螺钉数量以及减少处理板缝的工作量，节省材料和施工时间。对于板材的厚度来讲，在满足设计的力学性能前提下应尽量选择厚度较小的板材，这样可降低工程造价同时由于板轻而便于施工。

（3）面板的布局

若吊顶面板不是正好是整数时，一般应从房间的一侧用整张面板铺覆，而把零头留在房间不显眼的另一侧。当然这涉及到吊顶覆面龙骨的布局，这点应在最初设计吊顶轻钢龙骨骨架时考虑进去。在安装固定面板时，其短边（横向）应相互错开，错开的距离应≥300mm。

3.1.4 注意事项

（1）吊顶承载龙骨的分布

其间距大小对吊顶的承受荷载及吊顶的刚性有很重要的作用，一般来说，规格为60的承载龙骨，当吊顶单位面积荷载为25kg/m² 时，其间距应不大于1100mm；当单位面积荷载为50kg/m² 时，其间距应不大于900mm。吊顶的吊点、承载龙骨、覆面龙骨的间距，以纸面石膏板为例，见表4-3（供设计人员参考）。

（2）面板的固定方向

一般应采取横向固定，这是由于面板的力学性能，尤其是强度性能与变形性能，是依方向而定的。面板纵向的各项性能比横向要好，所以尽量采取横向固定。

（3）吊顶和楼板间的距离

吊顶所采用的面板与楼板及安装物体的距离，参见表4-4（以纸面石膏板为例）。

纸面石膏板吊点、承载龙骨、覆面龙骨的间距　　　　表 4-3

材料种类	厚度(mm)	间距(mm)				备 注
		吊点	承载龙骨	长边垂直于覆面龙骨	长边平行于覆面龙骨	
普通纸面石膏板	9.5 12.5 15.0 18.0	850	1000	450 500 550 625	420	吊点间距一般常采用 900～1000mm
耐火纸面石膏板	9.5 12.5 15.0 18.0	750	1000	400	不允许	

面板与楼板及安装物体的距离　　　　表 4-4

最小距离(mm)	纸面石膏板厚度(mm)			
	9.5	12.5	15.0	18.0
距安装物距离	70	73	75	78
距楼板距离	160	163	165	168

（4）吊杆与楼板的连接

吊杆与楼板的连接是关系到吊顶是否能承受设计荷载的关键，如果连接不牢或脱落，轻则造成经济损失，重则伤人。一般应采取焊接、射钉、膨胀螺栓等可靠性好的连接方式。具体连接方法参见第三单元相关内容。

（5）面板的固定

U、C、L形轻钢龙骨吊顶多为暗龙骨，其固定方法一般采用自攻螺钉将面板固定在覆面龙骨上。螺钉间距应为150～170mm，螺钉与面板边的距离以10～15mm为宜，切边以15～20mm为宜，螺钉进入覆面龙骨的深度应≥10mm。面板的接缝处，必须安装在宽度不小于40mm宽的覆面龙骨上。

3.2 轻钢龙骨吊顶的施工

3.2.1 工艺流程

（1）承载龙骨吊顶施工工艺流程

弹吊顶标高水平线→划龙骨分档线→安装主龙骨吊杆→安装主龙骨→安装次龙骨→安装罩面板→板缝处理

（2）无承载龙骨吊顶施工工艺流程

弹吊顶标高水平线→划龙骨分档线→安装龙骨吊杆→安装覆面龙骨→安装罩面板→板缝处理

3.2.2 轻钢龙骨安装

（1）弹吊顶标高水平线

1）划出吊顶标高基准线。应清整室内地坪，使用水平仪引测标高，根据引测的标高在四周墙壁上弹射出基准线，弹线应清楚、准确，水平允许偏差为±5mm。

2）根据标高基准线分别弹出边龙骨和承载龙骨所在平面的基准线。

(2) 安装吊杆

1) 吊点。吊点一般在土建施工时已经预埋完成,但在吊顶施工前应检查预埋件的位置和质量,当出现位置错误、质量不符合要求或漏埋等现象时,应进行吊点位置重新确定。吊点的固定方法有,采用射钉紧固和采用膨胀螺栓固定等方法,具体做法详见第三单元相关内容。

这里指出的是应注意的问题:补做吊点时楼板缝可能正好是吊点位置,要设法避开(当采用射钉时),或者考虑采用穿过板缝在板面放置丁字形的 $\phi 8 \sim \phi 10$ 的钢筋焊件方法。总之,要充分考虑到吊点所承受的荷载。同时,也要充分考虑楼板本身的强度。还应注意规范的规定,施工中,严禁损坏房屋原有绝热设施,严禁损坏受力钢筋,严禁在预制混凝土空心楼板上打孔安装埋件。吊点的间距≤1000mm,吊点距承载龙骨端部应<300mm,以免承载龙骨下坠变形。

2) 安装吊杆。按设计要求将吊杆与吊点连接。但应注意:当楼板上有预埋吊杆需加长时,必须采取焊接,焊缝应饱满,焊接部位及吊杆应做防锈处理。

(3) 龙骨安装

1) 吊顶龙骨加工:根据房间和龙骨的尺寸,对龙骨材料进行下料切割,切割的方法有:采用无齿电锯、电剪或手锯进行切割。

2) 固定L形龙骨:若墙体为剪力墙,参照吊顶标高基准线,采用射钉将L形轻钢龙骨固定在墙壁四周;若墙、柱为砖砌体时,采用钢钉将L形轻钢龙骨钉在预埋的防腐木砖上,间距应≤1000mm;若木砖漏埋,可采用膨胀螺栓固定L形轻钢龙骨,其间距为900～1000mm。

3) 安装承载龙骨:首先,将龙骨吊件与吊杆下端连接,然后,将承载龙骨与龙骨吊件相连接,如图4-15(a)所示。在吊顶的特殊部位(如上人检查或吊挂设备等)应按设计要求加装附加龙骨。

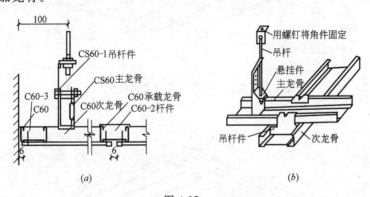

图 4-15
(a) 吊杆与龙骨的连接;(b) 主龙骨与次龙骨的连接

应注意的为:承载龙骨中间部分应起拱,其起拱高度应不小于房间短向跨度的1/200。承载龙骨安装完毕后,应及时校正其位置和标高。

4) 次龙骨的安装:设计要求的间距,采用吊挂件将次龙骨与主龙骨进行连接,次龙骨位于主龙骨的底部,连接件之间的位置应互相错开,如图4-15(b)所示。

5) 校正龙骨骨架:对吊顶龙骨骨架进行全面检查,并校正其水平度。

龙骨骨架安装校正完后，铺设绝缘材料及管线，绝缘材料（如：矿棉、岩棉或玻璃棉等起保温、隔声作用）和线路（如电线路），则将其铺放在承载龙骨上面。

3.2.3 饰面板的固定

饰面的板材，可分为两种类型。一种是基层板，在板的表面再做其他饰面处理。另一种是板的表面已经装饰完毕，将板固定后装饰效果已经达到。饰面板的固定，根据龙骨的断面及饰面板边的处理及饰面板的类型，可分为三种情况：

1）饰面板（或基层板）用螺钉固定在龙骨上，金属龙骨大多数采用自攻螺钉，木龙骨大多用木螺钉。

采用自攻螺钉紧固面板（板材应在自由状态下进行固定，以防出现弯棱、凸鼓现象），自攻螺钉间距应为150～170mm。自攻螺钉与面板边的距离：10～20mm为宜。自攻螺钉应沉于面板板面，自攻螺钉应穿过覆面龙骨≥10mm。安装面板应从设计的采用整张板的那一侧开始，逐步向另一侧铺，应把不足整张板留在最后铺。板与板之间形成的板缝，其宽一般应为6mm左右。

2）用胶将饰面板粘到龙骨上。

3）将饰面板加工成企口暗缝的形式，龙骨的两条肢插入暗缝内。不用钉，也不用胶，靠两条肢将板担住。如图4-16、图4-17所示。

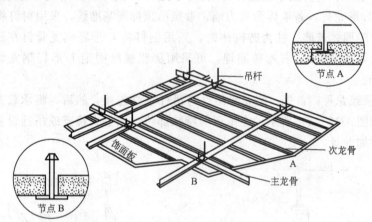

图4-16 隐蔽式吊顶饰面板安装示意图（一）

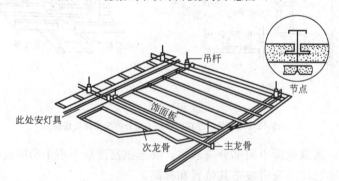

图4-17 隐蔽式吊顶饰面板安装示意图（二）

板与板之间，有离缝与密缝处理。离缝主要控制缝格的顺直，要想做到这一点，除了拉通长缝格控制线外，特别要注意板的尺寸误差，尺寸误差较大的板使用前必须经过修正，否则缝格顺直难于保证。对于密缝，常在缝上做遮掩处理。

3.2.4 板缝处理

密缝的处理，主要是控制拼板处的平整，不论板的表面是否再做饰面层，接缝处明显不平的现象，对吊顶的装饰效果影响较大。不能认为反正还有饰面层，不平关系不大，殊不知，有些饰面做法，非但不能遮丑，反而更加明显。例如，在表面刷涂料或贴壁纸，因为饰面层很薄，易于随基层变化而变化，所以，饰面后有些缺陷更加明显。

要获得拼缝处大面积比较平整，除了把好龙骨调平这一关外，拼缝处认真施工也非常重要。对于像纸面石膏板、胶合板一类的大块板材，固定板时，板与板之间宜留出3mm左右的间隙，然后用腻子补平。如果选用石膏板，应使用专用嵌缝石膏，并在拼板处贴一层穿孔扫缝纸，在正常情况下，将石膏板缝处理妥当，要经过不少于四道做法。

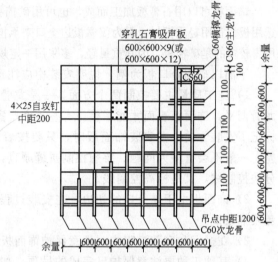

图4-18 穿孔石膏板与龙骨布置

大块的板材，应使板的长边垂直于次龙骨，具体布置如图4-18所示。

板缝的处理方法如下：

① 清理接缝后用小刀将嵌缝石膏腻子均匀饱满地嵌入板缝，并在板缝处刮上宽约60mm，厚约1mm的腻子。随即贴上穿孔纸带，用宽约60mm的腻子刮刀顺着穿孔纸带方向，将纸带内的腻子挤出，并刮平、刮实，不得留有气泡。

② 用宽约150mm的刮刀将石膏腻子填满宽约150mm宽的带状的接缝部分。

③ 用宽约300mm的刮刀再补一遍石膏腻子，其厚度不得超过面板板面2mm。

④ 待腻子完全干燥后（约12h），用2号砂布（或砂纸）打磨平滑，中间部分可略微凸起，并向两边平滑过渡。

3.2.5 板面的饰面处理

如果选用的板材已经装饰，就不存在饰面的问题。饰面的做法可谓花样繁多，但在众多的饰面做法中，用得较多的应首推裱贴壁纸和涂刷乳胶漆。

如果选用镜面材料镶贴，要特别注意表面材料的固定问题。除了用胶粘贴以外，还需用钉紧固或用压条周边压紧。如果选用镜面玻璃，应该使用安全玻璃。镶贴不同规格的材料，固定办法都有可能发生变化，但是不论用何种办法，均应注意安全、牢固。

3.2.6 饰面板企口暗缝固定

用螺钉将板固定在龙骨上的办法，因其工艺简单、板材周边不用切口处理、安装方便，获得广泛使用。如果将板的四周割成企口。将龙骨的边缘插进企口中，进而将板固定。此种办法，安装亦很简单，有些表面装饰已经完毕的板材，多用这种办法。板边处理如图4-19所示。

龙骨可以是铝合金，也可以用镀锌薄钢板加工而成。龙骨的断面多采用"T"形，主、次龙骨的差别高度不一样。

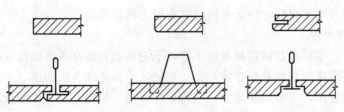

图 4-19 板边处理与安装示意

饰面板可以用石膏板加工而成，也可用矿棉板，但不论用何种板材，单块面积不宜太大，选用板材宜用轻质板材，因为仅靠板边企口来承担板的自重，所能承受的能力是有限的。目前用得较多的是矿棉板，因其重量轻，多采用一定规格的成型饰面，易于进行装饰处理。

下面以矿棉企口板为例，说明安装中应注意的问题。

1）施工质量主要控制两个方面，一是龙骨的平整度，二是饰面板的拼缝顺直。只有龙骨调平，饰面板表面才能平整。有些生产厂家已经按照饰面板连续切割的顺序，在板背标记了安装方向。在安装饰面板时，只要按着标志的方向，依次安装，平整与接缝高低差，一般不会有多大问题。要想控制拼缝顺直，常用的办法是拉通长控制线，这条线即是分块控制线，又是标高控制线。

2）饰面板由于是企口的切边，在安装过程中，龙骨边缘往里插时，用力要轻，应避免硬插硬撬。

3）在搬运和安装过程中，注意保护饰面板的企口边，注意保护饰面板不遭破坏。

4）其他工种要注意保护已完成的吊顶。如若划破，更换比较麻烦，因为板的固定是连环式，更换一块，需将这一行从端部开始，一直拆到破损那块为止。

5）各种规格的灯饰及风口、检修孔，悬吊系统应自成体系，不得固定在饰面板上。板与墙、柱相交部位宜采用相同色彩的角铝封口，不宜露出毛边。

饰面板上的灯具、烟感器、喷淋头、风口箅子等设备的位置应合理美观，与饰面的交接应吻合、严密，并做好检修口的预留。

3.2.7 成品保护

1）轻钢骨架及罩面板安装应注意保护顶棚内各种管线。轻钢骨架的吊杆龙骨不准固定在通风管道及其他设备上。

2）轻钢骨架、罩面板及其他吊顶材料在入场存放、使用过程中严格管理，保证不变形、不受潮、不生锈。

3）施工顶棚部位已安装的门窗，已施工完成的地面、墙面、窗台等应注意保护，防止污损。

4）已装轻钢骨架不得上人踩踏。其他工种吊挂件，不得吊于轻钢骨架上。

5）为了保护成品，罩面板安装必须在棚内管道、试水、保温等一切工序全部完成验收后进行。

3.2.8 安全环保措施

1）吊顶工程的脚手架搭设应符合建筑施工安全标准。

2）脚手架上堆料量不得超过规定荷载，跳板应用钢丝绑扎固定，不得有探头板。

3）顶棚高度超过 3m 应设满堂红脚手架，跳板下应安装安全网。

4）工人操作应戴安全帽，高空作业应系安全带。

5) 有噪声的电动工具应在规定的作业时间内施工, 防止噪声污染、扰民。
6) 施工现场必须工完场清, 废弃物应按环保要求分类堆放及消纳。

3.2.9 施工记录

1) 应做好隐蔽工程记录, 技术交底记录。
2) 材料进场验收记录和复检报告。
3) 工程验收质量验评资料。

课题 4　铝合金龙骨吊顶施工

铝合金龙骨吊顶是指吊顶基层材料为铝合金的吊顶。铝合金龙骨有 T、L 形, Y、π、L 形和 Ω、L 三大系列, 各系列龙骨材料的具体特点、构造详见第三单元相关内容。本课题将详细介绍铝合金龙骨吊顶的种类、选材、施工以及质量和安全要求等内容。

4.1　铝合金龙骨吊顶的种类及材料选择

4.1.1　铝合金龙骨吊顶的种类

铝合金龙骨有 T、L 形, Y、π、L 形和 Ω、L 三大系列, 吊顶的种类除承载龙骨采用轻钢龙骨中的 U 形做主龙骨之外, 其他种类与轻钢龙骨吊顶相同, 其详细内容请参见轻钢龙骨吊顶施工。

4.1.2　材料选择

(1) 铝合金龙骨的特点

1) 吊顶质量高。由于铝合金龙骨的尺寸精度比较高, 所以更适合于较高档的吊顶板材。特别是当吊顶板材采用嵌装的方法安装时, 对于无机纤维装饰板材更为适合。

2) 装饰性好。由于铝合金吊顶龙骨表面可以通过氧化镀膜的方法而使其表面呈现银白、古铜、暗红等颜色, 当吊顶板采用搭装方法安装时, 则 T 形龙骨的两翼显露于吊顶表面, 从而使吊顶表面呈现规则的铝框格, 而且框格表面光洁, 色泽柔和, 美观大方, 别具特色。

3) 吊顶自重轻。由于铝合金比重较轻, 所以减少了吊顶的自重。但一般铝合金吊顶龙骨适合于吊顶板密度 $\leqslant 9 kg/m^2$ 的情况。

(2) 材料选择

1) 龙骨的选择: 铝合金龙骨吊顶若为承载龙骨吊顶, 主龙骨的选择参见表 4-2。覆面龙骨的种类、间距则根据面板的种类、安装方式等确定。无承载龙骨吊顶龙骨的选择同覆面龙骨。

2) 面板的选择: 铝合金龙骨吊顶的面板选择基本与轻钢龙骨吊顶相同, 其区别在于铝合金龙骨吊顶较轻钢龙骨吊顶的特点有所不同, 其面板材料在选择时应充分考虑铝合金龙骨颜色、断面尺寸等因素, 同时, 还应考虑面板的安装方式。

4.2　铝合金龙骨吊顶施工

4.2.1　工艺流程

(1) 承载龙骨吊顶施工工艺流程

弹吊顶标高水平线→划龙骨分档线→安装主龙骨吊杆→安装主龙骨→安装覆面龙骨→安装罩面板→板缝处理

（2）无承载龙骨吊顶施工工艺流程

弹吊顶标高水平线→划龙骨分档线→安装龙骨吊杆→安装覆面龙骨→安装罩面板→板缝处理

4.2.2 龙骨安装

（1）弹线

放线主要是弹标高线和龙骨布置线。标高线一般弹到墙面或柱面，然后将L形龙骨固定在墙或柱面上。L形龙骨常用的规格25mm×25mm，色彩同板的色彩。L形龙骨的作用是吊顶边缘部位的封口，使之边角部位更加完整与顺直。L形龙骨多采用高强水泥钉固定，也可用射钉固定。

如果吊顶标高不同，应将变截面的位置在楼板上弹线。龙骨的布置，如果是将板条卡在龙骨上，就需要龙骨与板成垂直。如果用钉固定，则要看板条的形状，以及设计上的要求。

龙骨的间距根据不同的断面确定。有些板块较大的方块，在板背加肢，刚度较好，尽管龙骨间距较大，也不会发生变形。对于龙骨卡具的形式，龙骨的间距要控制，尺寸不宜太大，因为龙骨间距大，板的固定点减少、对于很薄的板条，是不合适的，所以，这种情况龙骨的间距一般不宜超过1.2m，吊点控制在1m左右。

（2）固定吊杆

吊杆用得较多的是简易伸缩吊杆如图4-20所示。固定办法是将8号钢丝调直，用一个带孔的弹簧钢片将两根钢丝连起来，调节与固定主要是靠弹簧钢片。当用力压弹簧钢片时，将弹簧钢片两端的孔中心重合，吊杆就可伸缩自由。当手松开后，孔中心错位，与吊杆产生剪力，将吊杆固定。有些顶棚不用伸缩吊杆，而是选用圆钢或角钢。至于选用何种材料，从悬挂的角度上说，只

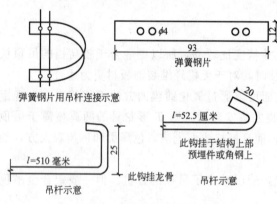

图4-20 伸缩式吊杆示意图

要安全、方便即可。有些上人检修的顶棚，考虑到局部的集中荷载。一般用角钢或圆钢较多。如果不上人，仅是板条本身的自重，每1m² 应控制在3kg以下。图4-20所示的吊杆既可满足安全的要求，同时又便于调平。

如果用角钢一类材料做吊杆，应用冲击钻固定胀管螺栓，然后将吊杆焊在螺栓上。

吊杆与龙骨的连接，如果选用板条与龙骨配套使用的龙骨断面，宜选用伸缩式吊杆。

龙骨的侧面有间距相等的孔眼，悬吊时，在两侧面的孔眼上用铁丝拴一个圈，也可加工成"口"形的钢卡，吊杆的下弯钩吊在圈上，或者钢卡上。如果采用角钢一类材料做吊杆，龙骨大部分采用普通型钢，可以采用焊接或钻孔用螺栓固定。

（3）龙骨安装与调平

调平龙骨是整个铝合金板顶棚工序中比较麻烦的一道工序，龙骨是否调平也是板条吊

顶质量控制的关键，因为只有龙骨调平，才能使板条饰面达到理想的装饰效果。否则，波浪式的吊顶表面，宏观看上去很不顺眼。要想控制龙骨的平整，首先应拉纵横标高控制线，从一端开始。一边安装、一边调整，最后再精调一遍。

4.2.3 面板安装

(1) 板条安装

安装板条必须在龙骨调平的基础上才能进行。板条应从一个方向，依次安装。如果龙骨本身兼作卡具，在安板时，只要将板条轻轻用力压一下，板条便会卡到龙骨上。因为板条比较薄，有一定的弹性，扩张较容易。

采用自攻螺钉固定板条，对于有些板条或方板也是很方便的，有些板条在断面设计时，考虑到如何隐蔽钉头，如图4-21所示的板条，在安装后便看不见钉头。安装时，用一条压另一条的办法将螺钉头遮盖。

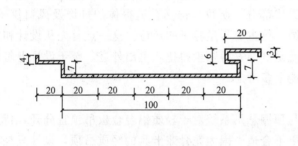

图 4-21 铝合金板条断面

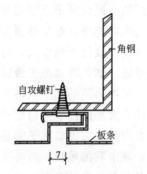

图 4-22 板条安装构造

板条与板条之间，有的是拼板，基本上不留间隙；有的则有意留出一定距离，打破平面单调的感觉，如图4-22所示的板条，安装完毕后，从平面上看，板条与板条之间有7mm宽的缝，可以增加顶棚的纵深感觉。有的在板条之间的间隙内放一块薄板，如图4-23所示。还有的在板条之间塞进一个压条，也有的在板与板之间的缝隙内不做任何处理。总之，处理手法很多，不拘形式，意在创造一种风格。

(2) 吸声板安装

铝合金板吊顶，易于同声学处理相结合，这一点也可以说是铝合金板顶棚的一个优点。板上穿孔，不仅解决了吸声问题，同时也是表面处理的一种艺术形式。

在板上放吸声材料，基本上有两种方法。一种将吸声材料铺放在板条内，使吸声材料紧贴板面。另一种做法，将吸声材料放在板条上面，像铺放毡片一样，一般将龙骨与龙骨之间的距离作为一个单元，

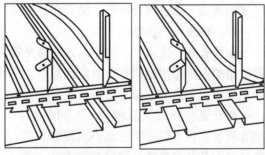

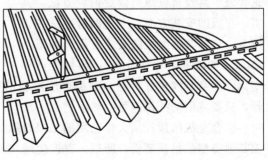

图 4-23 条板安装固定示意

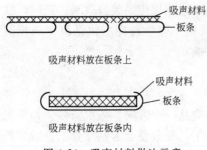

图 4-24 吸声材料做法示意

满铺满放。两种铺法如 4-24 所示。

吸声材料的两种放法，从吸声效果上分析，并无多大差别。因为吸声的过程，实际上是声能变成热能的过程，声音通过多孔材料的孔壁或间隙时受阻，从而达到吸声的效果。但是，第一种做法，由于玻璃丝棉紧贴板前，时间久了，特别是受到外力时，纤维绒毛会从板孔露出，影响顶棚的装饰效果。在高度较低的顶棚中，在人的视线范围内清楚可见。关于这个问题，应引起设计与承建单位的注意。

4.2.4 细部调整与处理

（1）灯饰、通风口、检查孔的处理

灯饰与风口箅子是照明与空调设备的组成部分，但是在吊顶装饰中，它们除了具有本身的专业功能外，也是吊顶装饰中的组成部分。所以，选择合适得体的灯饰及风口箅子，对顶棚装饰效果影响较大，特别是灯饰，更占有举足轻重的地位。这一点首先从设计和施工上考虑。如若其他部位做得很好，就是灯饰安得歪歪扭扭，里出外进。至于设计上怎样选择，可从吊顶的艺术风格及使用功能上多考虑。

（2）大型灯饰或风口箅子

大型灯饰或风口箅子的悬吊系统与顶棚悬吊系统对于轻质铝合金板吊顶宜分开，特别是龙骨兼卡具的吊顶，两者混在一起更不合适。因为龙骨兼卡具的轻质吊顶，设计只是考虑板及龙骨本身的自重，其他荷载再加到龙骨上是不合适的。

（3）自动喷淋、烟感器、风口

自动喷淋、烟感器、风口等设备与吊顶表面衔接要得体，安装要吻合。目前常出现的问题有，与吊顶脱开一段距离，管道甩搓预留短了，拧不上，使劲往上拧，结果造成吊顶局部凹进去。要想配合得好，需要在开工前同有关专业加强联系，发现差错，及时改正。

（4）检查孔、通风口

在检查孔、通风口、与墙面或柱面交接部位，板条要做好封口处理，不得露白茬。一般常用的办法是用相同色彩的角铝封口。在检查孔部位，因牵涉到两面收口，所以用两根角铝背靠背，采用拉铆钉固定，然后按预留口的尺寸围成框。

铝合金板断面类型较多，不同断面，都有可能采用不同安装方法，前面介绍了龙骨兼卡具及自攻螺钉固定两种方法，其实，在板的安装方面，上述两种办法用得较多，还有其他类型的安装方法。如图 4-25 所示的板条，板厚 1mm，再加上凸凹

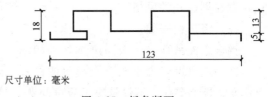

尺寸单位：毫米

图 4-25 板条断面

变化，本身刚度较好，是一种类似于梁板结构的断面，铝合金比较轻，安装时，不用龙骨，只要将两端托住即可。

铝合金板吊顶，从大量已用的工程效果上看确有其独特的风格，但由于造价的因素，比其他类型的吊顶要贵，所以，普遍使用在目前受到一定的限制。但大型公共建筑的吊顶如果从艺术、吸声、防火、维修、使用年限等方面综合评价，铝合金板吊顶均能较好地满

足上述要求，是一种比较理想的顶棚形式。所以在公共建筑的厅、堂部位用得较多。

课题5 特殊形式的吊顶简介

随着国内建筑业的迅速发展，最近几年国内相继出现了多种完全以金属材料（如铝合金板、彩色镀锌钢板或镀锌钢板等）制成的吊顶板材，配合新颖的金属龙骨材料来组装成风格独特的，能适应特殊需要的吊顶。这些金属吊顶在形式上、安装方法上、装饰效果上、应用场所上都有创新。

下面将介绍几种特殊形式的金属板吊顶：方形金属板吊顶、条形金属板吊顶、格片形金属板吊顶和网络体形吊顶。

5.1 方形金属板吊顶

方形金属板吊顶是以方形金属板（镀锌钢板、彩色镀锌钢板和铝合金板）作为吊顶板材的吊顶。该种吊顶具有以下突出的特点：

1) 吊顶自重轻。由于金属吊顶板是采用厚度为0.5mm的钢板或铝合金板制成，所以重量很轻，从而降低了吊顶本身的自重。

2) 防火、防潮、保温、吸声性能好。由于金属板是不燃材料，所以防火性能好。由于金属吊顶板表面经过处理（钢板经过镀锌和涂漆，铝合金板经过氧化镀膜），所以，防潮性能好，更不会产生其他类板材受潮而变形的缺点。在吊顶金属板的背面如果复合一层保温、吸声性能好的材料（如玻璃棉、矿物棉、泡沫石棉等），则使吊顶具有良好的保温、吸声性能。

3) 装饰性好。由于吊顶金属板可以通过涂漆或氧化镀膜而使其具有不同的色泽，而且由于金属板具有良好的延展性能，故可以使吊顶板表面被加工成各种凸凹的图案，以适应不同的环境、气氛和风格的要求。

4) 便于施工和检修。由于方形金属板是采用卡装的安装方法，所以拆卸、安装极为方便。正是由于方形金属板吊顶具有上述特点，所以可被广泛地应用于各种建筑的室内吊顶，特别是对于一些湿度较大的建筑空间（如室内花园、厨房、浴室等）更为适宜。

5.1.1 品种

方形金属吊顶板按材质分有三种：方形铝合金吊顶板、方形镀锌钢板吊顶和方形彩色镀锌钢板吊顶板。

方形金属吊顶板按其表面有无冲孔来分，可分为两种：非冲孔方形金属吊顶板和冲孔方形金属吊顶板。

方形金属吊顶板按其表面有无立体图案来分，可分为两种：平面方形金属吊顶板和浮雕方形金属吊顶板。

5.1.2 规格及配套材料

（1）规格

方形金属吊顶板的规格一般为：500mm×500mm；600mm×600mm。厚度为0.5mm。

（2）配套材料

采用方形金属吊顶板组装成吊顶，还必须要有各种配套材料才能够实现，其主要配套材料，参见表4-5。

方形金属吊顶板配套材料　　　　　　　　　　　　　　表 4-5

名　　　称	形　式	用　　　途
嵌龙骨	(40, 26)	用于组装成龙骨骨架的纵向龙骨 用于卡装方形金属吊顶板
半嵌龙骨	(26)	用于组装成龙骨骨架的边缘龙骨 用于卡装方形金属吊顶板
嵌龙骨挂件	(60, 25, 49)	用于嵌龙骨和 U 形吊顶轻钢龙骨（承载龙骨）的连接
嵌龙骨连接件	(40.5)	用于嵌龙骨的边长连接
U 形吊顶轻钢龙骨（承载龙骨）及其吊件和吊杆		用于承受吊顶的附加荷载

5.1.3　方形金属板吊顶的施工

方形金属板吊顶的安装，目前普遍采用的有两种龙骨吊挂系统，一种是采用 U 形和 T 形龙骨相配合的形式（图 4-26），一种是采用吊顶龙骨及配件的形式。如图 4-27 所示。

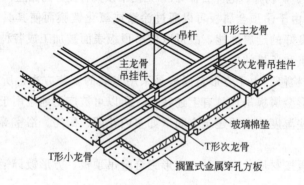

图 4-26　U 形和 T 形龙骨形式

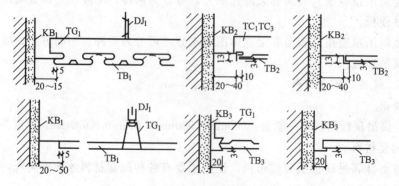

图 4-27　龙骨及配件的形式

方板吊顶安装要点：

1）为了保证吊顶饰面的完整性和安装可靠性，在确定龙骨位置线时，需要根据铝合金方板的尺寸规格，以及吊顶的面积尺寸来安排吊顶骨架的结构尺寸。对铝合金方板的尺寸布置要求是：板块组合的图案要完整，四周留边时，留边的尺寸要对称或均匀。

2）铝合金块板与轻钢龙骨骨架的安装，主要采用吊钩悬挂式或自攻螺丝固定式，也可采用铜丝扎结。

3）安装时按照弹好的板块安排布置线，从一个方向开始依次安装，并注意吊钩先于龙骨连接固定，在钩住板块侧边的小孔。铝合金板在安装时应轻拿轻放，保护板面不受碰伤和刮伤。用自攻螺钉固定时，应先用手电钻打出孔位后再上螺钉。

5.2 条形金属板吊顶

条形金属板吊顶是以条形金属板（镀锌钢板、彩色镀锌钢板和铝合金板）作为吊顶板材的吊顶。该种吊顶的特点基本与方形金属板吊顶相同，具有自重轻、防火、防潮、装饰性好和便于施工、检修和清洗的特点。在吊顶设计和施工中可通过在条龙骨架上搭铺玻璃棉、矿棉、岩棉等，以满足对吊顶的保温和吸声的要求。

条形金属板吊顶所具有的上述特点，使其应用广泛，可适用于各种类型建筑的室内吊顶，参见单元二构造图。对于一些湿度较大的建筑空间（如室内花园、厨房、浴室等）和走廊等都很适合，如图4-28所示。

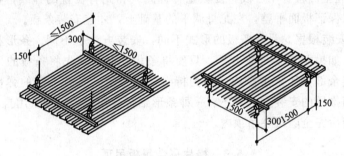

图4-28 条形金属板吊顶示意图

5.2.1 品种

条形金属吊顶板按材质分有三种：条形铝合金吊顶板、条形镀锌钢板吊顶和条形彩色镀锌钢板吊顶板。

条形金属吊顶板按表面有无冲孔来分，可分为两种：非冲孔条形金属吊顶板和冲孔条形金属吊顶板。

条形金属吊顶板按其横截面形状来分有三种：Ⅰ形、Ⅱ形和Ⅲ形。如图4-29。

5.2.2 规格及配套材料

（1）规格

条形金属吊顶的规格：Ⅰ形、Ⅱ形和Ⅲ形的长度为1000~4000mm。

（2）配套材料

采用条形金属吊顶板组装成吊顶，还必须要有各种配套材料才能够实现，其主要配套材料，见表4-6。

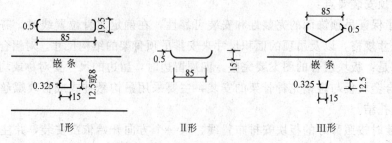

图 4-29 条形金属吊顶板横截面形状

条形金属吊顶板配套材料   表 4-6

名称	形式	用途	名称	形式	用途
条龙骨	(截面图 18/25/53)	用于组装成吊顶龙骨骨架 用于嵌装条形金属吊顶板	吊挂件	(示意图)	用于与吊杆连接 用于与条龙骨连接

5.2.3 条形金属板吊顶的施工

条形金属板条板，一般多采用卡的形式与龙骨相连，其安装要点如下：

1) 安装前应全面检查中心线，复核龙骨标高线和龙骨位置的弹线，检查符合龙骨是否调平调直，以保证板面平整，在龙骨调平的基础上，才能安装条板。

2) 条形板安装根据龙骨及条板的形式不同，安装方法也不同。条形板安装应从一个方向依次安装，如果龙骨本身兼卡具，只要将条板托起后，先将条板的一端用力压入卡脚，再顺势将其余部分压入卡脚内，因为持卡条比较薄，具有一定的弹性，扩张较为容易，所以可以用推压的安装方式。还有一种条形铝合金扣板，安装采用自攻螺钉固定，自攻螺钉头在安装后完全隐藏在吊顶内。

5.3 格片形金属板吊顶

格片形金属板吊顶是一种以片状金属板（镀锌钢板、彩色镀锌钢板或铝合金板）作为吊顶板材的吊顶。

该种吊顶是一种适合于大型公共设施的室内外吊顶。它在世界上流行于本世纪 80 年代，其与方形、条形金属吊顶板的显著区别在于：在组装成吊顶时，格片形金属吊顶板的板面不是平行于地面，而是垂直于地面。因此，若在吊顶上部采用自然光或人工照明的条件下，可形成各种柔和的光线效果，从而创造出独特的环境艺术气氛。同样，格片形金属板吊顶也具有方和条形金属板吊顶的自重轻、防火、防潮、装饰性好和便于施工、检修、清洗的特点。

格片形金属板吊顶所具有的独特风格，使其广泛地应用于室内花园、宴会厅、会议室、娱乐和运动场所等大型公共设施。

5.3.1 品种

格片形金属吊顶板材按材质分有三种：格片形铝合金吊顶板、格片形镀锌钢板和格片形彩色镀锌钢板。

格片形金属吊顶板按其横截面形状来分有两种：Ⅰ形和Ⅱ形，参见图4-30。

5.3.2 规格及配套材料

(1) 规格

格片形金属吊顶板的规格：Ⅰ形和Ⅱ形的长度为1000～4000mm，横截面尺寸如图4-16所示。厚度为0.5mm。

(2) 配套材料

格片形金属吊顶板组装成吊顶，还必须要有各种配套材料才能实现，其主要配套材料见表4-7。

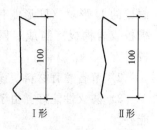

图4-30 格片形金属吊顶板横截面形状

格片形金属吊顶板配套材料 表4-7

名称	形式	用途
格片龙骨	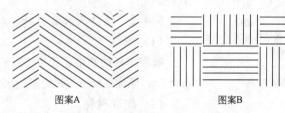	用于组装成吊顶龙骨架 用于嵌装格片形金属吊顶板
吊挂件	参见表4-50	

5.3.3 吊顶施工

格片形金属板吊顶的施工，可参考U、C、L形轻钢龙骨吊顶。此外，格片形金属板吊顶可根据格片形金属吊顶板与格片龙骨所形成的夹角不同，而使吊顶平面呈各种图案，如图4-31所示。

图案A　　　　　　图案B

图4-31 吊顶平面图案

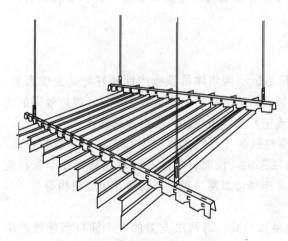

图4-32 格片形金属板吊顶的结构

格片形金属板吊顶的结构，如图4-32所示。

5.4 网络体型吊顶

网络体形吊顶是以具有吸声功能的吸声单板，亦称：吸声板（组件）通过采用网络支架连接而组装成一种具有吸声、装饰功能的吊顶，是近年出现的一种新型的吊顶。

该种吊顶具有以下几个特点：

1) 自重轻。由于吸声单板，亦称：吸声板（组件），它一般由金属轧型薄板制成的 U 形材（U 形龙骨亦可）作为框架，中间嵌装无机纤维类板材（玻璃棉板、矿棉板或岩棉板）制成；网络支架是一个个独立的，所以该种吊顶节省材料，自重也较轻。

2）节省龙骨材料。该种吊顶不采用龙骨材料，从而降低了工程造价，节省了工时。

3）防火性能好。由于吸声单板的主要材料是由不燃性材料组装而成，所以防火性能好。

4）优良的吸声性能。由于吸声单板嵌装有吸声性能好的无机纤维板（玻璃棉板、矿棉板或岩棉板），所以决定了吊顶具有良好的吸声性能。

5）布局灵活。由于网络支架上有 6 个插口，通过吸声板（组件）的嵌插方位有较大的灵活性，从而使吊顶可呈多种不同的几何形图案。

6）装饰性好。吸声单板的板面可以采用各种装饰性能好的板材、金属网或织物，使得吊顶装饰性好。

7）灵活的采光形式。可通过吊顶上部的自然采光或人工照明，而制造出各种柔和的光线效果，使室内环境具有独特的艺术气氛。

网络体形吊顶所具有的独特风格，使其广泛地应用于大型公共建筑的室内吊顶，如宴会厅、会议厅、游艺厅、体育馆等。

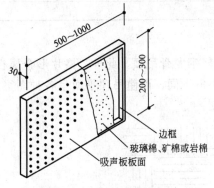

图 4-33 吸声单板构造

5.4.1 品种

吸声单板按其板面的材料不同可分为：有孔薄板、金属网、织物等数种。吸声单板按其框内嵌装的吸声材料不同，可分为：玻璃棉、矿棉和岩棉等数种。

5.4.2 规格及配套材料

（1）规格

吸声单板的规格，长度500～1000mm，宽度200～300mm，厚度30mm。其构造组成如图 4-33 所示。

（2）配套材料

采用吸声单板组装成吊顶，还必须要有各种配套材料才能够实现，其主要配套材料，参见表 4-8。

5.4.3 吊顶的设计

（1）材料选择

1）吸声材料的选择：吸声材料的选择是影响网络体吊顶吸声性能好坏的关键因素。通常选择无机纤维类材料（如玻璃棉、矿棉或岩棉制品等）作为吸声材料，吸声效果的优劣，一般来说是纤维直径越小，制品（板或毡）的容重越低，吸声效果越佳。

2）板面材料的选择：吸声单板的板面材料的选择前提是：应首先满足环境的要求，装饰的要求。除此之外，对于吊顶吸声效果来说，板面材料的孔洞率越高、孔洞直径较小、表面凸凹多的吸声效果越好，所以通常选择金属网、彩色金属薄孔板或织物等。

（2）吊顶形式的选择

网络体形吊顶一般做成三角形网络的吊顶形式，即网络支架的 6 个插口都装吸声单板，如图 4-34 所示。

吸声单板配套材料　　　　　　　　　　　　　　　　　　　表 4-8

名　称	形　式	用　　途
网络支架	⌀100，200~300	用于和网络吊杆组装成吊顶的主体 用于插装吸声单板
连接片		用于吸声板(组件)和网络支架的连接
上封盖		用于固定吸声板(组件)在网络支架上的上端
下封盖		用于固定吸声板(组件)在网络支架上的下端
网络吊杆	两端有螺纹的螺杆	上端用于和楼板上所固定的连接件连接,下端用于和网络支架的连接

但是,通过规律性地减少吸声单板,即规律性地不使用网络支架插口,吊顶还可组装成除了三角形网络之外的各种形式,如直线形网络、四边形网络、菱形网络、Z形网络、六边形网络、单花形网络（图4-35）等数种。同时,也可以选择以上两种或两种以上的形式组装成复合形吊顶。总之,可根据需要,可以进行多种组合,从而做成各种形式的吊顶。

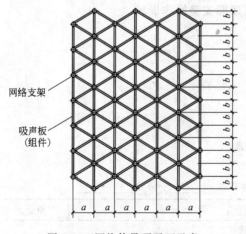

图 4-34　网络体吊顶平面示意

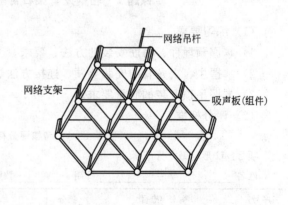

图 4-35　单花形网络

（3）吊顶的确定

网络体形吊顶的吊点位置确定是吊顶施工的先决条件。吊点的间距应≤1000mm,在确定吊点的位置时,首先应根据室内的顶部平面图上每个网络支架的位置,来确定吊点的位置。吊点与墙壁的距离应≤300mm。

5.4.4　吊顶的施工简述

网络体形吊顶的施工步骤简述如下:

1) 清整地坪，然后使用水平仪器，根据吊顶的设计标高在四周墙壁上弹线，其水平允许偏差为±5mm。

2) 确定吊点位置。根据吊顶设计图来确定吊点位置，并将吊点固定。

3) 组装网络单元。用连片将几个网络支架与吸声单板相连接并用螺钉固定，并套上上封盖。

4) 将一个个网络单元分别穿过吊杆，并用螺母在吊杆的下端将其固定。然后根据标高线调整每个单元的上下位置。

5) 用连片将吸声单板和个个单元相连接固定。

6) 调整、校正吊顶，使之与标高线在一个平面内。

7) 拧上网络支架的下封盖。

实 训 课 题

课题1 木龙骨吊顶

已知吊顶为木龙骨吊顶，根据第三单元实训课题中的图2-54完成下列实训内容：

(1) 绘制吊筋平面布置图，简述吊筋固定施工。

(2) 适用于该吊顶的饰面板有哪几种？各有什么特点？

(3) 若该工程采用纸面石膏板，简述其施工顺序及要求。

(4) 试估算该吊顶木龙骨及饰面板的材料用量。

课题2 轻钢龙骨架石膏板顶棚安装操作训练

(1) 练习要求

1) 掌握预埋件、吊筋安装的方法、要求。

2) 掌握主、次龙骨的安装要领、连接方法、工艺要求。

3) 掌握吊顶安装的质量要求。

(2) 评分标准

考核评分标准

项目：U形轻钢龙骨吊顶

姓名_____ 学号_____ 日期_____ 教师签名_____ 得分_____

序号	考核项目	满分	评分标准	得分
1	材料机具认知	15	认识材料机具准备	
2	弹线	15	按图纸施工，误差不得大于0.5%	
3	吊挂、安装	15	安装牢固	
4	主次龙骨下料	15	下料长度误差不得大于0.5%，且锯口垂直	
5	龙骨安装与调平	20	起拱符合设计要求	
6	操作规程与机具使用	10	违反规程扣分，机具使用不规范扣分	
7	安全生产、工完场清	6	一般事故扣分，落手清未做扣分	
8	定额时间	4	开始： 结束：	

（3）施工准备

1）实训场地准备：根据现场情况，每位学员应有 $5m^2$ 左右的施工操作面积进行训练。

2）技术准备：编制轻钢龙骨石膏板吊顶工程施工方案，并对工人进行书面技术及安全交底。

（4）材料准备

1）轻钢龙骨主件为中、小龙骨，配件有吊挂件、连接件、接插件。

2）零配件有吊杆、花篮螺栓、射钉、自攻螺钉。

3）按设计要求选用的石膏罩面板钢、铝压缝条、木线条或石膏线线条。

（5）主要机具

1）电动机具：电锯、无齿锯、手电钻、冲击电锤、电动螺钉旋具（或气动螺钉旋具）等。

2）手动机具：射钉枪、靠尺、钢卷尺、拉锚枪、手锯、手刨子、钳子、扳手、水准仪。

（6）作业条件

1）吊顶工程在施工前应熟悉施工图纸及设计说明。

2）吊顶工程在施工前应熟悉现场。施工前应按设计要求对房间的净高、洞口标高和吊顶内的管道、设备及其支架的标高进行交接检验。对吊顶内的管道、设备的安装及水管试压进行验收。

思考题与习题

1. 简述吊顶工程施工准备工作的重要性和基本要求。
2. 吊顶施工的作业条件有哪些？
3. 简述木龙骨安装及要求。
4. 金属龙骨吊顶的设计要求有哪些？
5. 金属龙骨吊顶的安装应注意哪些事项？
6. 吊顶工程为何应起拱？怎样进行起拱？
7. 金属龙骨石膏板吊顶的安装工艺是怎样的？
8. 纸面石膏板板缝是如何处理？
9. 试述轻钢龙骨石膏板装饰吊顶的施工工艺。

单元5 吊顶工程施工验收及质量通病

课题1 吊顶工程施工验收

吊顶工程施工验收中将其分为明龙骨吊顶和暗龙骨吊顶两类。顾名思义，明龙骨即为可见龙骨，暗龙骨即为不可见龙骨。本课题主要依据《建筑装饰装修工程施工质量验收规范》GB 50210—2001讲述吊顶施工验收。

1.1 一般规定

1.1.1 吊顶工程验收时应检查下列文件和记录

1）吊顶工程的施工图、设计说明及其他设计文件。
2）材料的产品合格证书、性能检测报告、进场验收记录和复验报告。
3）隐蔽工程验收记录。
4）施工记录。
5）吊顶工程应对人造木板的甲醛含量进行复验。

1.1.2 吊顶工程应对下列隐蔽工程项目进行验收

1）吊顶内管道、设备的安装及水管试压。
2）木龙骨防火、防腐处理。
3）预埋件或拉结筋。
4）吊杆安装。
5）龙骨安装。
6）填充材料的设置。

1.1.3 检验批的划分及检查数量

为了既保证吊顶工程的使用安全，又做到竣工验收时不破坏饰面，吊顶工程的隐蔽工程验收非常重要，应提供由监理工程师签名的隐蔽工程验收记录。各分项工程的检验批应按下列规定划分：

1）同一品种的吊顶工程每50间（大面积房间和走廊按吊顶面积30m² 为一间），应划分为一个检验批，不足50间也应划分为一个检验批。
2）检查数量应符合下列规定：每个检验批应至少抽查10％，并不得少于3间；不足3间时应全数检查。

1.1.4 其他要求

1）安装龙骨前，应按设计要求对房间净高、洞口标高和吊顶内管道、设备及其支架的标高进行交接检验。
2）吊顶工程的木吊杆、木龙骨和木饰面板必须进行防火处理，并应符合有关设计防火规范的规定。

由于发生火灾时,火焰和热空气迅速向上蔓延,防火问题对吊顶工程是至关重要的,使用木质材料装饰装修顶棚时应慎重。《建筑内部装修设计防火规范》GB 50222—1995规定顶棚装饰装修材料的燃烧性能必须达到A级或B1级,未经防火处理的木质材料的燃烧性能达不到这个要求。

3) 吊顶工程中的预埋件、钢筋吊杆和型钢吊杆应进行防锈处理。

4) 安装饰面板前应完成吊顶内管道和设备的调试及验收。

5) 吊杆距主龙骨端部距离不得大于300mm,当大于300mm时,应增加吊杆。当吊杆长度大于1.5m时,应设置反支撑。当吊杆与设备相遇时,应调整并增设吊杆。

6) 重型灯具、电扇及其他重型设备严禁安装在吊顶工程的龙骨上。

龙骨的设置主要是为了固定饰面材料,一些轻型设备如小型灯具、烟感器、喷淋头、风口篦子等也可以固定在饰面材料上。但如果把电扇和大型吊灯固定在龙骨上,可能会造成脱落伤人事故。为了保证吊顶工程的使用安全,特制定本条并作为强制性条文。

1.2 暗龙骨吊顶施工验收

本节适用于以轻型龙骨、铝合金龙骨、木龙骨等为骨架,以石膏板、金属板、矿棉板、木板、塑料板或格栅等为石棉材料的暗龙骨吊顶工程的质量验收。

1.2.1 主控项目

(1) 吊顶标高、尺寸、起拱和造型应符合设计要求。

检验方法:观察;尺量检查。

(2) 石棉材料的材质、品种、规格、图案颜色应符合设计要求。

检验方法:观察;检验产品合格证书、性能检测报告、进场材料验收记录和复验报告。

(3) 暗龙骨吊顶工程的吊杆、龙骨和饰面材料的安装必须牢固。

检验方法:观察;手扳检查;检查隐蔽工程验收记录和施工记录。

(4) 吊杆、龙骨的材质、规格、安装间距及连接方式应符合设计要求。金属吊杆、龙骨应经过表面防腐处理;木吊杆、龙骨应进行防腐、防火处理。

检验方法:观察;尺量检查。检验产品合格证书、进场材料验收记录和隐蔽工程验收记录。

(5) 石膏板的接缝应按其施工工艺标准进行板缝防裂处理。

安装双层石膏板时面层板与基层板的接缝应错开,并不得在同一根龙骨上接缝。

检验方法:观察。

1.2.2 一般项目

1) 饰面材料表面应洁净、色泽一致,不得有翘曲、裂缝及缺损。压条应平直、宽窄一致。

检验方法:观察;尺量检查。

2) 饰面板上的灯具、感烟器、喷淋头、风口篦子等设备的位置应合理、美观,石棉板的交接应吻合、严密。

检验方法:观察。

3) 金属吊杆、龙骨的接缝应均匀一致，角缝应吻合，表面应平整，无翘曲、锤印。木质吊杆、龙骨应顺直，无劈裂、变形。

检验方法：检查隐蔽工程验收记录和施工记录。

4) 吊顶内填充吸声材料的品种和铺设厚度应符合设计要求，并应有防散落措施。

检验方法：检查隐蔽工程验收记录和施工记录。

5) 暗龙骨吊顶工程安装的允许偏差和检验方法应符合表5-1的规定

暗龙骨吊顶工程安装的允许偏差和检验方法　　　　表 5-1

项次	项目	允许偏差(mm)				检验方法
		纸面石膏板	金属板	矿棉板	木板、塑料板或格栅	
1	表面平整度	3	2	2	2	用2m靠尺和塞尺检查
2	接缝直线度	3	1.5	3	3	拉5m线,不足5m拉通线,用钢直尺检查
3	接缝高低差	1	1	1.5	1	用钢直尺和塞尺检查

1.3 明龙骨吊顶工程

本节适用于以轻型龙骨、铝合金龙骨、木龙骨等为骨架，以石膏板、金属板、矿棉板、木板、塑料板或格栅等为石棉材料的明龙骨吊顶工程的质量验收。

1.3.1 主控项目

(1) 吊顶标高、尺寸、起拱和造型应符合设计要求。

检验方法：观察；尺量检查。

(2) 饰面材料的材质、品种、规格、图案颜色应符合设计要求。当饰面材料为玻璃板时，应使用安全玻璃或采取可靠的安全措施。

检验方法：观察；检验产品合格证书、性能检测报告和进场材料验收记录。

(3) 饰面材料的安装应稳固严密。饰面材料与龙骨的搭接宽度应大于龙骨受力面宽度的2/3。

检验方法：观察；尺量检查。

(4) 吊杆、龙骨的材质、规格、安装间距及连接方式应符合设计要求。金属吊杆、龙骨应经过表面防腐处理；木吊杆、龙骨应进行防腐、防火处理。

检验方法：观察；尺量检查；检验产品合格证书、进场材料验收记录和隐蔽工程验收记录。

(5) 明龙骨吊顶工程的吊杆、龙骨安装必须牢固。

检验方法：手扳检查；检查隐蔽工程验收记录和施工记录。

1.3.2 一般项目

(1) 饰面材料表面应洁净、色泽一致，不得有翘曲、裂缝及缺损。饰面板与明龙骨的搭接应平且吻合，压条应平直、宽窄一致。

检验方法：观察；手扳检查；检查隐蔽工程验收记录和施工记录。

(2) 饰面板上的灯具、烟感器、喷淋头、风口箅子等设备的位置应合理、美观，与石棉板的交接应吻合、严密。

检验方法：观察。

（3）金属龙骨的接缝应平整、吻合、颜色应一致，不得有划伤、擦伤等表面缺陷。木质龙骨应平整、顺直，无劈裂。

检验方法：观察。

（4）吊顶内填充吸声材料的品种和铺设厚度应符合设计要求，并应有防散落措施。

检验方法：检查隐蔽工程验收记录和施工记录。

（5）明龙骨吊顶工程安装的允许偏差和检验方法应符合表 5-2 的规定。

暗龙骨吊顶工程安装的允许偏差和检验方法　　　　　　表 5-2

项次	项目	允许偏差(mm)				检验方法
		石膏板	金属板	矿棉板	塑料板、玻璃板	
1	表面平整度	3	2	2	2	用 2m 靠尺和塞尺检查
2	接缝直线度	3	1.5	3	3	拉 5m 线，不足 5m 拉通线，用钢直尺检查
3	接缝高低差	1	1	1.5	1	用钢直尺和塞尺检查

课题 2　吊顶工程质量通病及其防止

2.1　吊顶搁栅拱度不均匀

2.1.1　现象

1）格栅安装后，其下表面的拱度不均匀不平整，甚至形成波浪形。

2）格栅周边或四角不平。

3）吊顶安好后，经短期使用即产生凹凸变形。

2.1.2　原因

1）材质不好，木材含水率较大，产生收缩变形。

2）施工中未按要求弹线起拱，形成拱度不均匀。

3）吊杆或吊筋间距过大，搁栅的拱度未调匀，受力后产生不规则挠度。

4）搁栅接头装钉不平或硬弯，造成吊顶不平整。

5）受力节点结合不严，受力后产生位移。

2.1.3　防止措施

1）选用优质软质木材，如松木、杉木。

2）按设计要求起拱，纵横拱度应均匀。

3）格栅尺寸应符合设计要求，木材应顺直，遇有硬弯时应锯断调直。并用双面夹板连接牢固，木材在两吊点间应稍有弯度，弯度应向上。

4）受力节点应装钉严密、牢固，保证搁栅整体刚度。

5）预埋木砖应位置正确且牢固，其间距不大于 1m，整个吊顶搁栅应固定在墙内，以保持整体性。

6）吊顶内应设通风窗，室内抹灰时，应将吊顶上人孔封严，待墙面干后，再将上人孔打开通风,以使整个吊顶处于干燥环境之中。

2.1.4 防治措施

1)利用吊杆或吊筋螺栓调整拱度。

2)吊筋螺母处应加垫板以利拱度调整,吊筋过短,可将螺栓焊接加长,并安装螺母、垫板来调整拱度。

3)吊木被钉劈裂,节点松动时,应更换劈裂吊木,吊顶格栅接头有硬弯时,应起掉夹板,调直后再钉牢。

2.2 轻质板材吊顶面层变形

2.2.1 现象

吊顶装钉完工后,部分纤维板或胶合板产生凹凸变形。

2.2.2 原因

1)板块接头未留空隙,板材吸湿膨胀易产生凹凸变形。

2)当板块较大,装钉时,板块格栅未全部贴紧,就从四角或四周向中心排钉安装,致使板块凹凸变形。

3)格栅分格过大,板块易产生挠度变形。

2.2.3 防止措施

1)选用优质板材。胶合板宜选用五层以上的锻木胶合板,纤维板宜选用硬质纤维板。

2)纤维板应进行防水处理,胶合板不得受潮,安装前应两面涂刷一道油漆,提高抗吸湿变形能力。

3)轻质板块易加工成小块后再进行装钉,并应从中间向两端排钉,避免产生凹凸变形。接头拼缝留3～6mm间隙,适应膨胀变形要求。

4)采用纤维板、胶合板吊顶时,搁栅的分格间距不易过大,否则中间应加一根25mm×40mm的小格栅,以防板块下挠。

5)合理安排施工顺序,当室内湿度较大时宜先安吊顶木骨架,然后进行室内抹灰,待抹灰干燥后再装钉吊顶面层。周边吊顶格栅应离开墙面20～30mm,以便安装板块及压条,并保证压条与墙面接缝严密。

2.2.4 防治措施

个别板块变形较大时,可由上人孔进入吊顶内,补加一根25mm×40mm的小格栅。然后,再在下面将板块钉平。

2.3 轻质板材吊顶中拼缝装钉不直、分格不均匀,不方正

2.3.1 现象

轻质板材吊顶中,同一直线上的分格木压条或板块明拼缝,其边棱不在一条直线上,有错牙、弯曲等现象,纵横木压条或板块明拼缝分格不均匀,不方正。

2.3.2 原因

1)格栅安装时,拉线找直和归方控制不严,格栅间距分得不均匀,且与板块尺寸不相符合。

2)未按先弹线安装板块或木压条。

3）明拼缝板块吊顶，板块裁截得不方正或尺寸不准。

2.3.3 防止措施

1）按格栅弹线计算板块拼缝间距或压条间距，准确确定格栅位置（注意扣除墙面抹灰厚度），保证分格均匀。安装格栅时，按位置拉线找直、归方、固定，保证顶面起拱及平整。

2）板材应按分格尺寸裁截成板块。板块尺寸等于吊顶格栅间距减去明拼缝宽度（8～10mm）。板块要求方正，不得有棱角，板边挺直光滑。

3）板块装钉前，应在每条纵横格栅上按所分位置弹出拼缝中心线及边线，然后，沿弹线装钉板块，发生超线则应修整。

4）应选用软质、优材制作木压条，并按现格加工，表面应刨平整光滑，装钉时先在板块上拉线，弹出压条分格线。沿线装钉压条，压条接头缝应严密。

2.3.4 防治措施

当木压条或板块明拼缝装钉不直且超差较大时，应依据产生的原因进行返工修整。

2.4 吸声板吊顶孔距不均匀

2.4.1 现象

1）板块拼装后孔距不等。

2）孔眼从不同方向看不成直线，并有弯曲错位现象。

2.4.2 原因

1）未按设计要求制作板块样板，或板块及孔位加工精度不高，偏差大。

2）装订板块时操作不当，拼缝不直，分格不均，不方正。

2.4.3 防止措施

板块应装匣钻孔，采用5mm钢板制成样板，放在被钻板上面，垂直钻孔。每匣放12～15块板，第一匣加工后进行试拼，合格后再大批钻孔。

2.4.4 防治措施

吸声板孔距排列不均匀，不宜修正，操作时应严格控制，一次完成。

2.5 铝合金吊顶不平

2.5.1 原因

1）水平标高线控制不好，误差过大。

2）安装铝合金板的方法不妥，龙骨未调平先安装板条，使板条受力不均而产生波浪形状。

3）龙骨上直接悬吊重物，承受不住而局部变形。

4）吊杆固定不牢，引起局部下沉。

5）板条变形，未加矫正就安装，易产生不平。

2.5.2 防治措施

1）准确弹出四周标高线，其误差不大于5mm，跨度较大时，应在中间适当位置加设标高控制点。

2）龙骨调直调平后方能安装板条。

3) 在龙骨上不能直接悬吊设备重物,应直接与结构固定。
4) 吊杆应固定牢固,施工中应加强保护。
5) 安装前要先检查板条平直情况,发现不符合标准者应进行调整。

2.6 铝合金吊顶接缝明显

2.6.1 原因
1) 板条切割时,切割角度控制不好。
2) 切口部位未经修正。

2.6.2 防治措施
1) 切割板条时控制好切割角度,用锉刀修平切口。
2) 用同色硅胶对接口部位修补,可对切口白边进行遮掩。

2.7 吊顶与设备衔接不妥

2.7.1 原因
1) 设备工种与装饰工种配合欠妥,导致施工顺序衔接不好。
2) 确定施工方案时,施工顺序不合理。

2.7.2 防治措施
确定施工方案时,施工顺序要合理。

实 训 课 题

1) 根据实际工程,对吊顶验收中检验批的划分进行训练。
2) 轻钢龙骨纸面石膏板吊顶的质量验收进行实训练习。

注:选择某装修工地,对已施工完成的吊顶工程进行验收练习,训练吊顶工程的验收方法,正确评定吊顶工程质量。

思考题与习题

1. 吊顶装饰工程验收的一般规定有哪些?
2. 明龙骨吊顶装饰工程验收的主控项目有哪些?
3. 暗龙骨吊顶装饰工程验收的一般项目有哪些?
4. 简述明龙骨吊顶工程安装质量允许偏差和检验方法。
5. 吊顶工程的验收中检验批是怎样划分的?
6. 吊顶工程质量控制的内容有哪些?
7. 如何进行吊顶工程的验收?
8. 吊顶罩面板工程常见质量通病主要有哪些?怎样防治?
9. 本教材讲述的吊顶工程质量通病有哪些?怎样判别属于哪一类质量通病?

主要参考文献

1. 李卫华主编. 建筑装饰构造. 北京：中国建筑工业出版社，2002
2. 李书田编著. 室内吊顶装修. 北京：中国建材工业出版社，1993
3. 李健主编. 郜烈阳副主编. 建筑装饰构造. 北京：中国建筑工业出版社，2003
4. 本书编写组.《建筑施工手册》. 北京：中国建筑工业出版社，2003

责任编辑：朱首明 杨 虹
封面设计：七星工作室

教育部职业教育与成人教育司推荐
中等职业教育技能型紧缺人才教学用书
（建筑装饰专业）

- 建筑装饰基础
- **吊顶装饰构造与施工工艺**
- 墙面装饰构造与施工工艺
- 轻质隔墙构造与施工工艺
- 地面装饰构造与施工工艺
- 木作装饰与安装
- 饰面镶贴与安装
- 饰面涂裱
- 金属件制作与安装
- 水暖设备与安装
- 装饰工程检测

ISBN 978-7-112-08080-9

9 787112 080809>

(14034) 定价：18.00 元

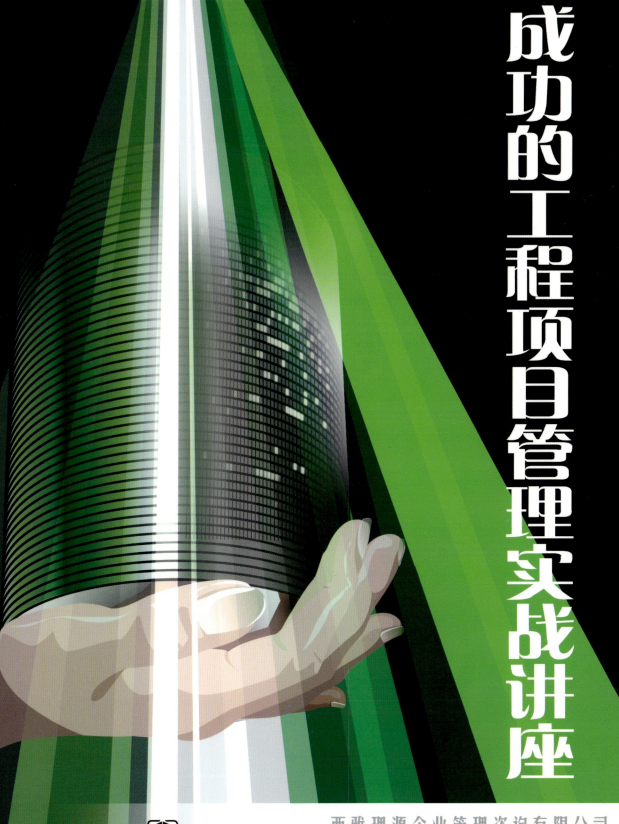

成功的工程项目管理实战讲座

西雅理源企业管理咨询有限公司

中国建筑工业出版社
CHINA ARCHITECTURE & BUILDING PRESS